大兴安岭森林土壤有机碳特征及其环境效应

王 冰 著

中国环境出版集团·北京

图书在版编目（CIP）数据

大兴安岭森林土壤有机碳特征及其环境效应/王冰著.
—北京：中国环境出版集团，2022.12
ISBN 978-7-5111-5384-5

Ⅰ．①大…　Ⅱ．①王…　Ⅲ．①大兴安岭—森林土—
有机碳—研究　Ⅳ．①S714

中国版本图书馆 CIP 数据核字（2022）第 244326 号

出 版 人　武德凯
责任编辑　丁莞歆
文字编辑　梅　霞
封面设计　岳　帅

出版发行　**中国环境出版集团**
　　　　　（100062　北京市东城区广渠门内大街 16 号）
　　　　　网　　址：http://www.cesp.com.cn
　　　　　电子邮箱：bjgl@cesp.com.cn
　　　　　联系电话：010-67112765（编辑管理部）
　　　　　发行热线：010-67125803，010-67113405（传真）
印　　刷　北京中献拓方科技发展有限公司
经　　销　各地新华书店
版　　次　2022 年 12 月第 1 版
印　　次　2022 年 12 月第 1 次印刷
开　　本　787×960　1/16
印　　张　7.75
字　　数　150 千字
定　　价　49.00 元

中国环境出版集团郑重承诺：
中国环境出版集团合作的印刷单位、材料单位均具有中国环境标志产品认证。

前　言

　　森林是陆地生态系统的重要组成部分，是大气温室气体的重要源与汇，在区域和全球碳循环中发挥着关键作用。森林土壤碳库是陆地生态系统的最大碳库，其微弱变化可引起大气 CO_2 浓度的升高或降低，在调节全球碳动态变化方面具有重要作用，森林土壤有机碳库贮量与动态、源/汇功能转换及调控机理已成为全球气候变化研究的重要方向。充分认识森林土壤有机碳的动态变化规律及机理，是"双碳"目标背景下强化生态固碳亟需解决的关键问题之一，也是贯彻"绿水青山就是金山银山"理念、筑牢祖国北方生态安全屏障的客观需求，对估算区域碳收支和制定应对气候变化的森林经营措施与政策具有重要意义。

　　为精准预测全球气候变化背景下寒温带森林土壤有机碳库变化趋势及其潜力，本书以大兴安岭林区为研究区，以兴安落叶松林为主要研究对象，采用野外样地调查和室内实验分析相结合的方法，从土壤有机碳的保护机制出发，探讨了大兴安岭林区土壤总有机碳和团聚体碳的空间分布格局，以及不同林型、不同林龄兴安落叶松林土壤总有机碳和团聚体碳特征，并分析了其与土壤理化性质间的关系；系统探讨了不同环境条件下土壤有机碳的特征及其影响机制，深入揭示了土壤有机碳的稳定与累积机制，评估了大兴安岭林区土壤的碳汇潜力，可为大兴安岭林区及寒温带森林生态系统碳循环研究提供基础数据，为精确、定量评估大兴安岭林区及寒温带森林土壤碳库提供方法借鉴。

本书得到了国家自然科学基金"寒温带兴安落叶松林土壤有机碳组分特征与稳定机制"（32260389）、"十三五"国家重点研发计划专项课题"火烧及采伐迹地森林生态系统恢复和功能提升关键技术"（2017YFC0504003）、内蒙古自治区科技计划项目"内蒙古大兴安岭森林生态系统国家野外科学观测研究站"等项目的支持。

森林土壤有机碳的研究已经引起了全球的广泛关注，但限于作者的知识水平，书中难免存在不足之处，恳请读者批评指正。

作　者

2022 年 12 月

目　录

1 绪 论

1.1 研究目的与意义

森林是陆地生态系统的重要组成部分，是大气温室气体的重要源与汇，在区域和全球碳循环中发挥着关键作用（Bonan，2008；Dixon et al.，1994；Fang et al.，2006；Fang et al.，2001；Goodale et al.，2002；Janssens et al.，2003；Kauppi et al.，1992；Pacala et al.，2001；Pan et al.，2011）。森林生态系统碳收支包括 4 个主要组成部分：森林生物量、地表凋落物、植物残体和土壤有机碳（SOC）。近年来，许多国家基于抽样方法对国家或区域范围的森林进行了清查，其中，全球变化研究国家重大科学研究计划项目"中国陆地生态系统碳源汇特征及其全球意义"对森林生态系统碳收支从全球、国家和区域尺度分别开展了较为系统和宏观的研究，对我国森林生态系统的生物量、地表凋落物、植物残体和土壤有机碳 4 个主要组成部分进行了分析，探讨了我国森林生态系统碳收支的基本模式和未来碳汇潜力，并对全球森林碳收支进行了全面评估，取得了重要的研究成果（Pan et al.，2011；Shi et al.，2014；Yang et al.，2014），但这些工作多是以实测森林生物量为基础（Guo et al.，2014）对森林生物量碳库及其变化开展的研究工作，关于森林生态系统碳收支其他 3 个组成部分的资料却十分有限（方精云等，2015）。

森林土壤碳库是陆地生态系统最大的碳库（金峰等，2000），其碳储量是陆地植被碳库的 2～3 倍，全球有 1 400～1 500 Pg 碳以有机态形式储存于森林土壤中，约占全球土壤有机碳库的 73%（Schlesinger，1990）。因此，森林土壤有机碳是森林生态系统碳收支最重要的组成部分，森林土壤碳循环，尤其是森林土壤碳库源/汇功能转换已成为全球变化研究的重要方向，对估算区域碳收支和制定应对气候变化的森林经营措施与政策具有重要意义（Mckinley et al., 2011；方精云等, 2015；郭兆迪等, 2013）。森林土壤有机碳库的贮量及其源/汇功能转换均可显著影响大气 CO_2 浓度，对全球碳平衡具有重要的调节作用。因此，森林土壤有机碳库的动态及调控机制是预测和控制全球气候变化的一项重要基础性工作。然而，目前大多数研究均集中于土壤总有机碳（TOC）的空间变异及分布规律，并且由于缺乏对森林土壤碳库的长期定点观测，导致中国森林土壤碳库的源/汇特征并不清楚（景莎等, 2016）。

有研究表明，森林土壤有机碳是动植物和微生物残体在各个阶段降解的物质的混合（Christensen, 1992；Post et al., 2000），其组成和结构具有高度异质、动态变化、影响因素复杂且依赖时空尺度等特征（刘满强等, 2007）；同时，不同来源、不同降解阶段、不同组分的有机碳对环境条件变化的响应敏感性不同，会表现出不同的环境地球化学活性和稳定性，导致有机碳的储存能力及生态服务功能出现差异（Doetterl et al., 2015；Poeplau et al., 2017；Von Lützow et al., 2007）。鉴于不同组分或形态的有机碳对不同环境条件下分解转化的响应差异，合理定义并提取森林土壤中的有机碳组分或形态，阐释不同有机碳组分的时空动态变化规律，揭示不同环境条件下，不同有机碳组分的稳定与响应机制是完善碳素生物地球化学过程与机制，精准预测全球变化背景下森林土壤有机碳库的变化方向、速率及增汇潜力，明确森林土壤有机碳的动态及其在陆地生态系统碳循环中的地位和作用，有效降低区域和全球陆地生态系统碳平衡评估不确定性的基础（Poeplau et al., 2013；Poeplau et al., 2017；Stewart et al., 2008；Stewart et al., 2009；张丽敏等, 2014）。

有研究发现，北半球纬度较高的生态系统拥有最高的土壤有机碳密度和储量（Scharlemann et al., 2014），预计会受到最强的升温影响（Kirill et al., 2004），有可能成为生物圈的 CO_2 通量热点；然而，也有观点认为，净初级生产力（NPP）的激增会导致更多的碳被输入土壤中，全球气温上升也可能会导致土壤有机碳的储存增加（Melillo et al., 2002；Poeplau et al., 2017）。大兴安岭林区地处高纬度多年冻土区的最南端，是欧亚大陆北方森林带的重要组成部分，拥有着完备的森林、草原、湿地自然生态系统，是我国唯一的寒温带针叶林区，也是我国生态地位最重要的国家森林生态功能区、森林碳储库和木材资源战略储备基地。同时，该区域也是对全球气候变化反应最敏感的地区之一，其树木生长缓慢，一旦被破坏，不可复制。其中，兴安落叶松（*Larix gmelinii*）是该区域的主要地带性植被，在寒温带森林碳汇方面发挥着不可取代的重要作用。洞悉多种因素影响下大兴安岭森林土壤有机碳的组分变化特征，准确评估寒温带森林在全球碳平衡中的作用与贡献成为目前亟待解决的关键问题。

1.2 国内外研究现状

1.2.1 森林土壤有机碳特征研究

由于不同森林的凋落物数量、类组及分解行为不同，因此其形成的土壤碳库大小与特征也存在较大差别。近年来，森林土壤碳库的研究受到越来越多的关注，研究地域已涵盖了温带、亚热带、热带等地区。王春燕等（2016）研究发现，森林土壤有机碳存在明显的纬度格局。邢维奋等（2017）通过对海南省乐东黎族自治县5种森林土壤有机碳储量的比较发现，天然次生林的有机碳的含量、密度和储量均高于人工林。蔡会德等（2014）通过对广西壮族自治区森林土壤有机碳的研究发现，地带性土壤的有机碳密度大小依次为黄壤＞红壤＞赤红壤＞砖红壤。徐秋芳（2003）选取了亚热带最具代表性的4种森林类型进行研究发现，森林土壤有机碳存在垂直变异特征，而且常绿阔叶林和毛竹林的土壤总有机碳含量显著高于杉木林和马尾松林。秦纪洪等（2012）认为，在西南亚高山低温季节，地表凋落物和积雪覆盖及其组合变化将会影响亚高山森林土壤碳库的容量和稳定性。我国学者还开展了多个省（区、市）的森林土壤有机碳储量估算，如湖南（李斌等，2015）、四川（黄从德等，2009）、广西（蔡会德等，2014）、江西（宋满珍等，2010）等。

除土壤总有机碳外，学者还针对不同森林类型的土壤有机碳组分进行了大量研究。土壤活性有机碳因具有不稳定、易被氧化矿化和土壤微生物分解利用、对气候及环境变化敏感等特点（王春燕，2016）而备受关注（Song et al.，2012；Wang et al.，2012；Qiao et al.，2014）。徐秋芳（2003）比较了亚热带4种森林类型的土壤活性有机碳（水溶性有机碳、微生物量碳、易氧化有机碳）的含量、空间变异、年动态变化规律；赵溪竹（2010）分析了小兴安岭地区 12 种主要森林群落类型的土壤活性碳、缓效性碳和惰性碳的含量特征及驻留时间；辜翔等（2013）比较了湘中丘陵区 4 种不同森林类型土壤可矿化有机碳的含量；王春燕等（2016）分析了中国东部 9 个典型森林生态系统易氧化有机碳、微生物生物量碳和水溶性有机碳的含量特征；田舒怡和满秀玲（2016）分析了大兴安岭北部森林土壤微生物生物量碳和水溶性有机碳的特征，发现这两种有机碳组分存在明显的季节性动态，而且不同森林类型间差异显著。

土壤团聚体是衡量土壤结构的重要因素之一，其对土壤有机碳的保护作用是稳定土壤碳库的重要机制（Six et al.，2004；Stewart et al.，2009）。有机碳在不同粒径团聚体的稳定程度因保护机制不同而存在差异，基于团聚体分级对土壤有机碳进行分组，并定量研究相应碳库的容量，将有助于理解不同生态系统下土壤有机碳的变化及潜在机制（苑亚茹等，2018）。近年来，学者对不同林木的土壤团聚体的碳特征进行了研究，如杉木林（张芸等，2016；庄正等，2017；王心怡等，2019）、刺槐林（孙娇等，2016）、橡胶林（王连晓等，2016）等。但研究多集中于南方的经济林木，而对于北方林木，特别是寒温带森林土壤团聚体碳特征的研究还较少。

1.2.2　森林土壤有机碳影响因素研究

森林生态系统经常受到各种因素的影响，包括自然干扰（气候变化、林火）和人为干扰（采伐、抚育措施）等。这些干扰因素一方面影响林木本身，另一方面对森林土壤环境造成一定影响，从而改变森林土壤有机碳的含量和特征，因此，揭示影响森林土壤有机碳库的主要因素，对预测森林有机碳库的变化及其对全球碳循环产生的影响有着重要意义。

气温和降水在很大程度上决定了植被的类型、产量和植物残体的分解过程，被认为是影响土壤有机碳密度的重要因素。王春燕等（2016）研究认为，气候是森林土壤有机碳组分呈现纬度格局的主要影响因素。一般认为土壤有机碳密度随着降水的增加和气温的降低而增加（解宪丽等，2004），但不同区域下土壤有机碳对气候变化的敏感度不同。Homann 等（1995）研究发现，森林土壤有机碳含量随年降水量和气温的增加而增加。Homann 等（2007）还分析了美国大陆 7 个生态区内土壤有机碳与气候的关系，发现表层土壤有机碳与年均降水量呈正相关关系，除西北温带森林区外，其还与年均气温均呈负相关关系。Dai 和 Huang（2006）对我国不同地理区域土壤有机碳和气候等影响因素的研究发现，不同地理区域土壤有机碳的主控因素不同。缪琦等（2010）基于省、区、市 3 个幅度，分析了我国西南地区 363 个森林土壤的剖面数据，发现年均降水量与土壤有机碳密度的相关性均随幅度减小而减弱，而年均气温与土壤有机碳密度的相关性随幅度变化的规律不明显，但有较强的区域差异。

　　土壤理化性质（如 pH、容重、养分含量）也是影响土壤有机碳的重要因素。土壤容重直接影响土壤的通气性和孔隙度以及根系的穿透阻力和生长、发育（黄昌勇，2000），是影响土壤有机碳垂直分布的重要物理性质之一。土壤 pH 主要通过影响土壤微生物的种类和活性来影响土壤对碳的固定和累积，较低的 pH 会促进凋落物的分解，减少凋落物存量，也会减弱土壤微生物活性，降低土壤有机碳的分解速率，因此土壤有机碳与 pH 呈负相关关系（魏文俊等，2014；冯锦等，2017）。氮、磷、钾是植物生长所必需的营养元素，其增加可促进土壤有机碳的积累，因此土壤有机碳通常与氮、磷、钾含量呈正相关关系（祖元刚等，2011；张慧东等，2017；祁金虎，2017）。

　　由于森林植被的类型和发育阶段不同，因此土壤有机碳含量也会存在差异。森林土壤有机碳主要来源于枯枝落叶，植被类型不同，枯落物类型和数量也会有所不同（渠开跃等，2009；贾树海等，2017；宋敏等，2017；吕文强等，2016），从而导致了不同森林类型土壤有机碳含量间的差异。林龄是影响土壤有机碳积累的重要因素，因此也会对土壤有机碳含量产生一定影响（魏亚伟等，2013）。不同发育阶段，林下植被的盖度、林分密度及郁闭度不同，都会造成土壤有机碳的差异（焦如珍等，1997）。我国学者在杉木人工林土壤有机碳的林龄特征方面开展了大量研究（盛炜彤等，2003；王丹等，2009；张剑等，2010；曹小玉等，2014），归纳起来有两种结论，即随林龄的增加，土壤有机碳逐渐增加或先减少后增加，这可能与研究区的自然条件、林分类型等不同有关。

2 研究区概况与研究方法

2.1 研究区概况

2.1.1 大兴安岭林区概况

大兴安岭是兴安岭的西部组成部分，位于内蒙古自治区东北部、黑龙江省西北部，拥有中国保存较完好、面积最大的原始林区，是内蒙古高原与松辽平原的分水岭。大兴安岭北起黑龙江畔，南至西拉木伦河上游谷地，呈东北—西南走向，地理坐标为 43°～53°30′N，117°20′～126°E，全长约 1 400 km，均宽约 200 km，海拔为 1 100～1 400 m，总面积为 32.72 万 km²。大兴安岭原始森林茂密，林地面积为 730 万 hm²，森林覆盖率达 74.1%，是中国重要的林业基地之一，同时分布有各种珍禽异兽 400 余种、野生植物 1 000 余种。

作为欧亚大陆北方森林带的重要组成部分，大兴安岭林区拥有完备的森林、草原、湿地三大自然生态系统、特殊的生态保护功能和多种伴生资源，是国家的重点纳碳贮碳基地；在生态区位上，大兴安岭主山脉贯穿全林区，形成的天然屏障通过阻隔太平洋暖流和控制西伯利亚寒流、蒙古干旱季风，保障了呼伦贝尔大草原和东北粮食主产区的生态安全；在生态作用上，大兴安岭是我国最大的、集中连片的明亮针叶原始林，其森林生态系统在涵养水源、保育土壤、固碳制氧、净化空气、保护生物多样性等方面发挥着不可替代的作用，是北方重要的生态屏障。

（1）地形地貌

大兴安岭地势西高东低，位于地势第二阶梯东缘、第二和第三阶梯接合部，大兴安岭山脊以东为第三阶梯地，以西为第二阶梯地。大兴安岭地貌具有明显的不对称形态，全林区地形呈东北—西南走向，东陡西缓，为山地丘陵地形；北部、西部和中部高，15°以下坡地约占 80%。

（2）气候特征

大兴安岭地处中国最北端，冬季长夏季短，尤其是在漠河、洛古河地区，冬季长达 7 个月以上，且日照时间短，夏季只有 2 个月左右，为每年的 6—8 月，日照时间长达 17 h。漠河地区的年平均气温为–4℃，冬季温度超过–40℃，无霜期为 90～120 d。

大兴安岭也是重要的气候分带。夏季海洋季风受阻于山地东坡，东坡降水多，西坡干旱，二者呈鲜明对比，但整个山区的气候较湿润，年降水在 500 mm 以上。山脉北段是中国东部地区最冷之地，冬季严寒（平均气温为–28℃），有大面积多年冻土区。山脉中段与南段温暖干燥，1 月气温约–21℃，年降水量为 250～300 mm，雪量较少。

（3）主要水系

大兴安岭有以黑龙江、嫩江为主的水系，以伊勒呼里山为分水岭，岭北为黑龙江水系，岭南为嫩江水系。主要河流有多古河、呼玛河、塔河、多布库尔河和甘河，其中流域面积为 50 km² 以上的河流有 154 条，流域面积为 1 000 km² 以上的河流有 28 条。

（4）土壤环境

大兴安岭地处多年冻土带南部，其土壤肥沃且无污染，土壤有机质和微量元素含量居全国之首。森林土壤类型有棕色针叶林土、暗棕壤、灰黑土、草甸土、沼泽土等。

（5）森林植被

大兴安岭的森林植被以兴安落叶松为代表，还分布有白桦（*Betula platyphylla*）、山杨（*Populus davidiana*）、樟子松（*Pinus Sylvestris via. mongolica*）、红皮云杉（*Picea koraiensis*）、蒙古栎（*Quercus mongolica*）、黑桦（*Betula dahurica*）等树种。

由于南北跨度大，因此大兴安岭北部与南部的植被类型存在一定的差异。北部在植被区划上基本属于寒温带、明亮针叶林带，是东西伯利亚山地南泰加林向南的延伸部分，兴安落叶松由于生态位较宽，在土层浅薄、排水不良、养分贫乏的条件下也能生长，因此在本地区占有绝对优势；南段大部分属于温带落叶、阔叶林带，由于受人为活动和自然条件的影响，兴安落叶松林已退居于大兴安岭山地轴部和海拔较高的山体，但蒙古栎、黑桦和白桦的分布面积增加了（韩杰等，2004）。

2.1.2　兴安落叶松原始林试验区概况

大兴安岭生态站的兴安落叶松原始林试验区（121°30′～121°31′E、50°49′～50°51′N）位于大兴安岭西北坡，地处寒温带湿润气候区，海拔为 800～1 000 m，年平均气温为–5.4℃，最低气温为–50℃，最高气温为 40℃，无霜期为 80 d；年降水量为 450～550 mm，60%集中于 7—8 月；9 月末至次年 5 月初为降雪季，降雪厚度为 20～40 cm；全年地表蒸发量为 800～1 200 mm。兴安落叶松原始林试验区为低山山地，土壤为棕色针叶林土，且分布有大面积沼泽湿地和连续多年冻土；优势树种为兴安落叶松，其分布面积约占试验区总面积的 79%，树高为 25～30 m，胸径为 26～30 cm，蓄积量为 150～200 m³/hm²，并伴生有白桦、山杨、黑桦等乔木；林下植物种类丰富，如杜鹃（*Rhododendron simsii*）、杜香（*Ledum palustre*）、柴桦（*Betula fruticosa*）、越橘（*Vaccinium vitis-idaea*）、铃兰（*Convallaria majalis*）、舞鹤草（*Maianthemum bifolium*）、红花鹿蹄草（*Pyrola incarnata*）、长芒拂子茅（*Calamagrostis epigeios*）、大叶章（*Deyeuxia langsdorffii*）和泥炭藓（*Herba sphagni*）等（李小梅等，2015）。因立地条件及海拔高度不同，兴安落叶松呈现不同的森林类型，其中分布广且具有代表性的有杜鹃—兴安落叶松林（以下简称杜鹃林）、杜香—兴安落叶松林（以下简称杜香林）、草类—兴安落叶松林（以下简称草类林）等。

2.2　研究方法

2.2.1　样地设置与调查

为了研究大兴安岭林区土壤有机碳的空间特征，在大兴安岭林区，基于公里网格采用机械抽样方式布设了 75 个采样点，南北跨度为 47°48′～53°33′N，东西跨度为 118°19′～126°30′E，间距为 60 km（图 2-1）；各样点分别位于漠河县、塔河县、呼玛县、额尔古纳市、根河市、鄂伦春自治旗、牙克石市、扎兰屯市、科尔沁右翼前旗、陈巴尔虎旗、鄂温克族自治旗、莫力达瓦达斡尔族自治旗、阿荣旗等境内；若采样点现地不满足要求（如为非林地），则在周边重新设置采样点进行替换。在每个采样点布设半径为 17.85 m 的样圆，在样圆内进行样地调查，并记录土层深度、海拔、坡度、坡向等信息，用于大兴安岭林区土壤有机碳等各指标的空间变异特征分析。经调查，样地内的树种以兴安落叶松和白桦为主，同时伴生有山杨、黑桦、蒙古栎、大青杨等树种。其中，含兴安落叶松的样地数占总样地数的 70% 以上。

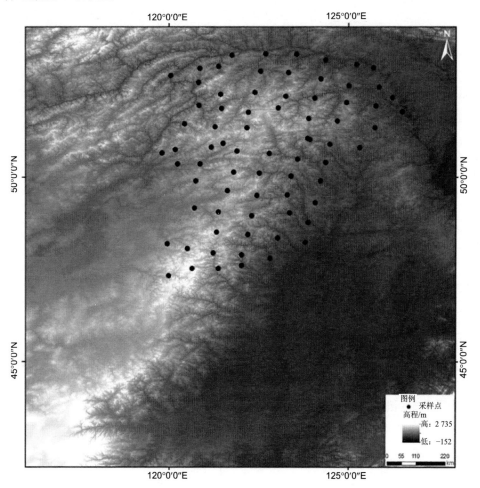

图 2-1 大兴安岭林区土壤样点分布

为了进一步探讨大兴安岭林区优势树种——兴安落叶松的土壤有机碳特征，在大兴安岭生态站的兴安落叶松原始林试验区（121°30′～121°31′E、50°49′～50°51′N），按照不同林型（草类林、杜香林、杜鹃林）、不同林龄（幼龄≤40 a、中龄为40～80 a、近熟为80～100 a、成过熟≥101 a）设置了30 m×30 m 的样地28 块，其中，草类林12 块（每个龄组3 块），杜香林和杜鹃林各8 块（每个龄组2 块）。记录各样地的经纬度、海拔高度、坡度、坡向、坡位等地形信息，并对各样地进行每木调查和林下灌草调查（表2-1）。

表 2-1　不同林型兴安落叶松林样地基本情况

样地类型	坡度/（°）	坡向	坡位	海拔/m	密度/（株/hm²）	郁闭度	平均树高/m	平均胸径/cm
草类林	10	南	中下	842.9	2 702	0.7	19.4	19.8
杜香林	9	东北	中	852.4	3 058	0.7	15.9	15.5
杜鹃林	6	东南	上	912.8	3 282	0.7	15.9	17.4

2.2.2　土壤样品采集与处理

大兴安岭林区75 块样地的土壤样品采集：2017 年7—8 月，在各样圆内，去除表层枯落物后，随机取3 份0～20 cm 表层土各500 g，装入塑封袋内，带回实验室进行分析。

兴安落叶松原始林的土壤样品采集：土样采集时间为2017 年7—8 月，在每个样地内，按对角线挖取3 个土壤剖面，并去除表层枯落物，以距地面0～10 cm、10～20 cm、20～40 cm 和40～60 cm 分层取样，按层将同一采样点3 个剖面的土样混合均匀后装入标有代号的塑封袋内，并取环刀土用于土壤含水量和容重的测定。将采集的土样带回实验室后，首先去除土样表层的植物残体及石砾，然后将其自然风干后过筛，用于土壤各指标的测定。

2.2.3　土壤样品测定

2.2.3.1　土壤常规理化指标测定

土壤物理性质测定：采用烘干法测定土壤含水量（SWC）和容重（BD）。

土壤化学性质测定：土壤 pH 采用酸度计法测定（水土比为 5∶1），土壤总有机碳含量采用重铬酸钾氧化—分光光度法测定（HJ 615—2011），总磷（TP）采用酸溶光度法测定（Pierzynski，2009），无机磷（IP）采用 SMT 法测定（Ruban et al.，2001），铵态氮（NH_4^+-N）、速效钾（AK）和有效磷（AP）采用联合浸提—比色法测定（NY/T 1849—2010），Na_2O、MgO、Al_2O_3、K_2O、CaO、Fe_2O_3 等金属氧化物采用 X 射线荧光仪（BRUKER S8 TIGER SERIES 2，德国）测定。

2.2.3.2　土壤团聚体碳组分提取与测定

团聚体分组是在微团聚体分离装置中对过 2 mm 筛子的风干土样进行的。微团聚体分离器是在 0.25 mm 滤膜上放置 50 个玻璃珠，利用水的流动来分散土壤颗粒，使微团聚体和细颗粒通过 0.25 mm 的筛子，从而将大于 0.25 mm 的土壤颗粒组分分离出来。具体方法：首先在 0.053 mm 的筛子上面收集微团聚体，随后用湿筛法将易分散的粉砂和黏土级组分从水稳性微团聚体中分离出来，再将得到的悬浊液离心分离，获得易分散的粉砂和黏土级组分（<0.053 mm），并于 60℃烘干、称重。不同粒径土壤团聚体内的有机碳含量均用元素分析仪测定。各组分的基本特征见表 2-2。

表 2-2　土壤有机碳组分的基本特征

组分	有机碳组分	粒径/μm
无保护有机质（uPOM）	粗颗粒（游离态）有机质（cPOM）	>250
	非保护微细颗粒有机物（LF）	0.45
物理保护有机质（pPOM）	微团聚体保护的颗粒有机质（iPOM）	53～250
物理化学保护有机质（pcPOM）	微团聚体保护（闭蓄态）的粉粒（μSlit）	2～53
	微团聚体保护（闭蓄态）的黏土（μClay）	<2
化学保护有机质（cPOM）	游离态粉粒（dSlit）	2～53
	游离态黏土（dClay）	<2

2.2.4　数据处理

2.2.4.1　指标计算

（1）土壤总有机碳指标计算

土壤有机碳富集系数是某个土壤层有机碳含量与整个土壤剖面有机碳平均含量的比值（管利民等，2012）。即

$$i \text{ 层土壤有机碳富集系数} = i \text{ 层土壤有机碳含量 / 整个剖面有机碳含量} \quad (2\text{-}1)$$

（2）土壤团聚体碳指标计算

首先，计算各粒径土壤团聚体的质量百分含量、有机碳质量、有机碳含量、有机碳贡献率，计算方法如下：

$$\text{各粒径土壤团聚体的质量百分含量} = \frac{\text{该粒径土壤团聚体质量（g）}}{\text{土壤样品总质量（g）}} \times 100\%$$

$$(2\text{-}2)$$

$$\text{各粒径土壤团聚体的有机碳质量（g/kg）} = \frac{\text{该粒径土壤团聚体的有机碳质量（g）}}{\text{该粒径团聚体的质量（kg）}}$$

$$(2\text{-}3)$$

$$\text{各粒径土壤团聚体的有机碳含量（g/kg）} = \text{该粒径土壤团聚体的有机碳含量（g/kg）}$$
$$\times \text{该粒径土壤团聚体的质量百分含量（%）}$$

$$(2\text{-}4)$$

各粒径土壤团聚体的有机碳贡献率=

$$\frac{\text{该粒径土壤团聚体的有机碳含量（g/kg）}}{\text{土壤总有机碳含量（g/kg）}} \times 100\% \quad (2\text{-}5)$$

然后，选用平均质量直径（MWD）、几何平均直径（GMD）、分形维数（D）和土壤可蚀性因子（K）来描述土壤团聚体的稳定性（王富华等，2019；徐红伟，2018）。计算公式如下：

$$\text{MWD} = \sum_{i=1}^{n} W_i \overline{X}_i \quad (2\text{-}6)$$

$$\text{GMD} = \exp\left(\sum_{i=1}^{n} W_i \ln \bar{X}_i\right) \tag{2-7}$$

$$\frac{W_{r < \bar{X}_i}}{W_0} = \left[\frac{\bar{X}_i}{X_{\max}}\right]^{3-D} \tag{2-8}$$

$$K = 7.594 \times \left\{0.001\,7 + 0.049\,4 \times \exp\left[-0.5 \times \left(\frac{\log\text{GMD} + 1.675}{0.698\,6}\right)^2\right]\right\} \tag{2-9}$$

式中：$\bar{X}_i$ 为 i 粒径团聚体平均直径（本书的各级土壤团聚体平均直径分别取 1.125 mm、0.151 5 mm 和 0.026 5 mm；$X_{\max}$ 为最大粒径平均直径；W_i 为 i 粒径土壤团聚体的质量百分含量（%）；W_0 为土壤样品总质量（g）；$W_{r < \bar{X}_i}$ 为小于 i 粒径的土壤团聚体的质量（g）。

2.2.4.2　空间变异分析

本书利用半方差函数的分析结果，选取了最优的拟合方程用于空间土壤各指标的外推。半方差函数，也称空间变异函数，是地统计学的重要组成部分，可表示抽样间隔为 h 时样本方差的数学期望，也是衡量样本间空间相关程度的一种方法，各点间半方差值的大小取决于它们之间的距离，见式（2-10）。以变异函数 γ（h）为 y 轴，抽样间隔 h 为 x 轴，可绘制半方差图。

$$\gamma(h) = 1/2N(h) \times \sum_{i=1}^{N(h)} [Z(x_i) - Z(x_i + h)]^2 \tag{2-10}$$

式中：γ（h）为半方差函数；N（h）为以 h 为间距的样点数；Z（x_i）和 Z（x_i+h）分别为区域化变量 Z（x）在空间位置 x_i 和 x_i+h 的实测值。半方差函数有 3 个重要参数——块金值（Nugget）、基台值（Sill）和变程值（Range），分别用 C_0、C_0+C 和 A 表示，用于衡量区域化变量的空间变异和相关程度（王冰等，2013）。

根据半方差函数的理论模型和拟合参数，利用应用较为普遍的克里金（Kriging）法对土壤各指标数据进行空间插值，以研究大兴安岭林区土壤各指标的空间变异特征。

2.2.5 数据统计分析

采用单因素方差分析对不同林型、林龄或土层深度的兴安落叶松林土壤各指标进行差异显著性检验。采用一般线性模型（GLM，适用于逻辑变量）分析林型、林龄和土层深度及其交互作用（Two-way ANOVA）。采用 Pearson 相关分析、通径分析（适用于连续变量）、主成分分析等方法分析土壤有机碳组分与土壤各理化指标的关系，所有统计分析均采用 IBM SPSS 22.0 完成。林区气温和降水数据采用 Climate AP 气候模型生成的 2001—2010 年的多年均值（http://climateap.net/）。运用 Excel 2016、Origin Pro 2019、R 3.5.2 和 GS+ 9.0 等软件绘制图表。

3 大兴安岭林区土壤的理化特征

本章将分析大兴安岭林区土壤（0～20 cm）各理化指标的空间变异特征，比较不同林型和不同林龄的兴安落叶松林土壤（0～60 cm）理化指标的差异性。

3.1 大兴安岭林区土壤理化指标的空间变异特征

3.1.1 土壤理化指标的描述性统计特征

大兴安岭林区各样点表层土壤（0～20 cm）主要理化指标的描述性统计结果见表 3-1。变异系数（CV）是衡量资料中各观测值变异程度的一个统计量。通常，$CV \leq 0.1$ 时为弱变异，CV 为 0.1～1 时为中等变异，$CV \geq 1$ 时为强变异（Goovaerts，2001）。

表 3-1 大兴安岭林区土壤各理化指标的统计值

理化指标	最小值/（mg/kg，除 pH 外）	最大值/（mg/kg，除 pH 外）	平均值/（mg/kg，除 pH 外）	标准差	变异系数
pH	4.69	6.30	5.63	0.34	0.06
铵态氮	6.87	58.18	25.94	13.46	0.52
速效钾	33.62	383.23	140.66	73.81	0.52
有效磷	3.08	59.14	14.28	10.42	0.73
总磷	57.07	2 209.91	927.21	405.11	0.44
无机磷	19.87	1 182.16	246.94	251.53	1.02
有机磷	26.35	2 122.78	701.31	376.93	0.54

由表 3-1 可知，大兴安岭林区土壤的 pH 变化范围为 4.69～6.30，即所有样点的土壤均呈弱酸性，各样点间的 pH 变异系数为 0.06，表明 pH 在不同林分类型中较稳定。土壤铵态氮含量的变化范围为 6.87～58.18 mg/kg，各样点间变异系数为 0.52；土壤速效钾含量的变化范围为 33.62～383.23 mg/kg，各样点间变异系数为 0.52；土壤有效磷含量的变化范围为 3.08～59.14 mg/kg，各样点间变异系数为 0.73；土壤总磷含量的变化范围为 57.07～2 209.91 mg/kg，各样点间变异系数为 0.44；土壤有机磷含量的变化范围为 26.35～2 122.78 mg/kg，各样点间变异系数为 0.54，表明土壤中铵态氮、速效钾、有效磷、总磷和有机磷的含量在不同样点差异较大。所有被测指标中，无机磷含量在各样点间的差异最大，其含量变化范围为 19.87～1 182.16 mg/kg，变异系数为 1.02，达到了强变异。

3.1.2 土壤理化指标的空间变异特征

3.1.2.1 数据检验与变换

地统计学要求样本数据满足正态分布，一般可通过样本的标准差、变异系数、偏度和峰度等指标来判断其是否符合正态分布。标准差表示数据的离散程度，偏度（skewness）和峰度（kurtosis）是描述数据分布形态的统计量。其中偏度表示分布图是否对称，其值越接近于 0，表明该数据的总体分布越接近于正态分布（王冰等，2013），其值大于 0 为正偏态分布，小于 0 为负偏态分布；峰度表示数据的聚集程度，其值大于 0 且越大时，表明分布图越陡，其值小于 0 时，表明分布图较扁平（张金林等，2017）。由于 pH 的变异系数较小，因此此处不做其空间变异特征分析。各指标的非参数检验（K-S 检验）结果显示，原始数据的检验值 sig. 分别为 0.006、0.013、0.000、0.200、0.000、0.067，除总磷和有机磷外，其他指标的 sig. 值均小于 0.05，所以判定总磷和有机磷基本符合正态分布，铵态氮、有效磷、速效钾、无机磷等数据均不符合正态分布。因此，须对原始数据进行数据转换。

对各指标的原始数据进行自然对数转换后，其 K-S 检验值 sig. 均为 0.200（表 3-2），大于 0.05，说明经过自然对数转换后，各指标的数据基本服从正态分布，能满足地统计学的分析要求，可用于半方差函数模型的拟合。

表 3-2　土壤各理化指标对数转换前后的 K-S 值

理化指标	K-S 值	sig.	K-S 值*	sig.*
铵态氮	0.148	0.006	0.088	0.200
速效钾	0.140	0.013	0.062	0.200
有效磷	0.174	0.000	0.090	0.200
总磷	0.078	0.200	—	—
无机磷	0.183	0.000	0.066	0.200
有机磷	0.108	0.067	—	—

注：sig.值<0.05，非正态分布；*为自然对数转换后的结果；sig.值=0.200，符合正态分布。

在进行半方差函数拟合前，利用 GS+软件对原始数据进行二次检验，检验结果与 SPSS 软件的分析结果一致，即除总磷和有机磷外，其他各指标经过自然对数转换后的数据相对于原始数据和经过平方根转换后的数据，偏度更小，更符合正态分布的要求；而总磷和有机磷经过平方根转换后的数据正态分布效果更佳，具体结果见表 3-3 和图 3-1。因此，总磷和有机磷的数据采用平方根转换，其他各指标的数据采用自然对数转换。

表 3-3　土壤各理化指标转换前后的偏度和峰度值

理化指标	原始数据		平方根转换后		对数转换后	
	偏度	峰度	偏度	峰度	偏度	峰度
有机碳	1.12	0.81	0.58	−0.26	0.04	−0.73
铵态氮	0.70	−0.64	0.36	−0.93	−0.05	−0.85
速效钾	1.06	1.13	0.43	−0.14	−0.22	−0.22
有效磷	2.14	5.80	1.07	1.56	0.14	−0.24
总磷	0.52	0.58	−0.36	0.68	−1.83	6.20
无机磷	2.00	4.12	1.04	0.68	0.09	−0.66
有机磷	1.10	2.03	0.08	0.58	−1.70	6.27

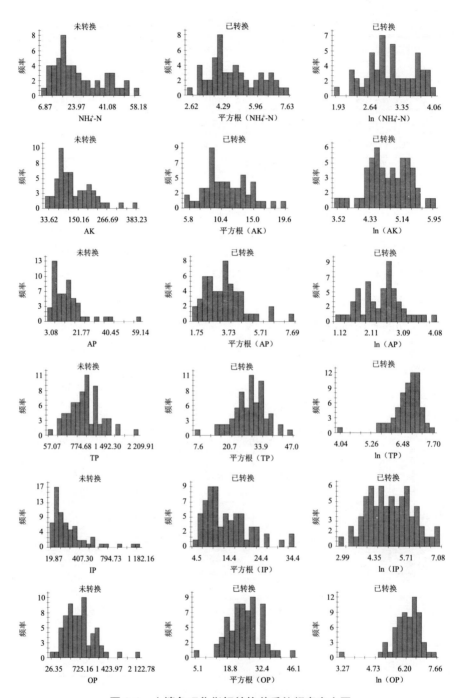

图 3-1 土壤各理化指标转换前后的频率直方图

3.1.2.2 模型筛选

基于地统计学方法，选取高斯（Gaussian）模型、指数（Exponential）模型、线性（Linear）模型和球面（Spherical）模型，利用 GS+软件，对转换后的土壤各理化指标数据进行不同模型和参数的拟合和比较，通过对比决定系数和残差值，选出最优的半方差理论模型（表 3-4）。由表 3-4 可知，不同理化指标的最优模型不同，铵态氮、速效钾和有效磷的最优模型为高斯模型，总磷和无机磷的最优模型为指数模型，而有机磷的最优模型为球面模型，因此需要采用不同模型对大兴安岭林区表层土壤（0～20 cm）各指标进行空间变异规律分析。表 3-4 中的块金值 C_0 表示随机因素的空间异质性，基台值 $C+C_0$ 表示变量的最大变异，值越大，空间变异程度越高；块基比 $C_0/（C+C_0）$ 反映变量的空间自相关程度（王冰等，2013），块基比<25%、为 25%～75%和>75%分别表示高、中和低 3 种不同程度的空间自相关性。由此可知，铵态氮、速效钾和有效磷表现为高强度空间自相关性，而总磷、无机磷和有机磷表现为中强度空间自相关性。这说明了气候、植被等结构性因素对土壤铵态氮、速效钾和有效磷的空间变异影响较大，总磷、无机磷和有机磷同时受到气候、植被、土壤等结构性因素和人类活动等随机因素的影响。

表 3-4 各理化指标的最优模型

理化指标	理论模型	块金值 C_0	基台值 $C+C_0$	块基比 $C_0/（C+C_0）$	变程 $A/$（°）	决定系数 R^2	残差值 RSS
铵态氮	高斯模型	0.055 30	0.287 6	0.192 0	0.382 78	0.118	0.010 7
速效钾	高斯模型	0.000 10	0.281 2	0.000 356	0.588 9	0.588	0.013 2
有效磷	高斯模型	0.092 0	0.437 0	0.211 0	0.360 27	0.053	0.035 9
总磷	指数模型	33.600	67.210	0.500	10.221 0	0.407	643
无机磷	指数模型	0.470 0	1.040 0	0.452 0	4.524 0	0.831	0.043 1
有机磷	球面模型	22.500	57.900	0.389 0	3.308 0	0.721	488

图 3-2 为各理化指标的半方差函数曲线图，横坐标为分割距离（度），纵坐标为半方差。由图 3-2 可知，土壤各理化指标的半方差函数曲线不尽相同，但半方差均呈现先上升后趋于平缓的特征，其中，铵态氮、速效钾和有效磷的曲线特征较相似，前期升高明显，之后随着分割距离的增大，很快趋于稳定；而总磷、无机磷和有机磷的半方差随着分割距离增加的上升区间较长，平稳区间较短。相较而言，磷元素的空间异质程度较高。

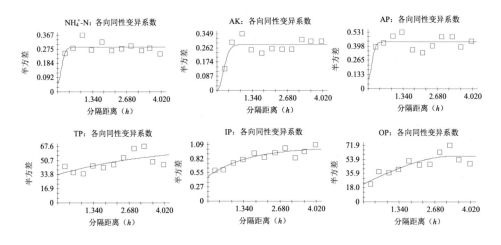

图 3-2   土壤各理化指标的半方差函数曲线

3.1.2.3   空间分布特征

根据半方差函数的分析结果，利用 Kriging 法对土壤各理化指标的数据进行空间插值，以分析大兴安岭林区表层土壤各理化指标的空间分布特征（图 3-3）。由图 3-3 可知，大兴安岭林区土壤各理化指标的含量均存在一定的空间差异，总磷、无机磷和有机磷呈现随纬度降低先增加后减小的变化规律，而其他理化指标呈斑块状分布，空间变化规律不明显。由于大兴安岭为东北—西南走向，因此各理化指标沿山脊呈现一定的东西对称特征。

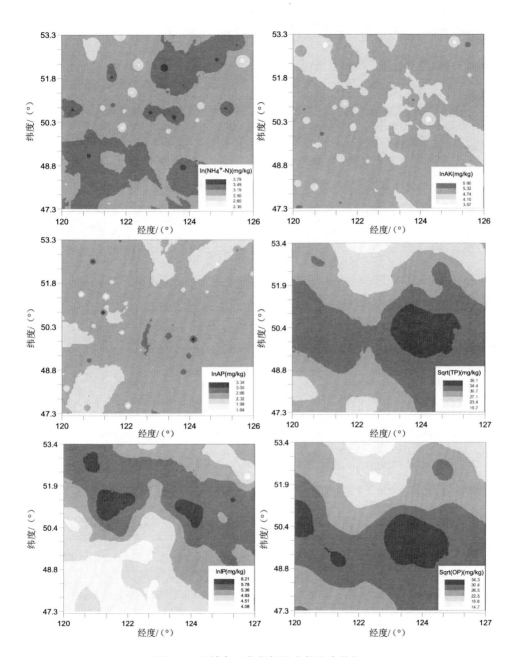

图 3-3 土壤各理化指标的空间分布特征

3.2 　兴安落叶松林土壤的理化特征

　　兴安落叶松林土壤各理化指标含量见表 3-5 和表 3-6。由表 3-5 可知，土层深度为 0～60 cm 时，兴安落叶松林土壤含水量为 17.93%，容重为 1.07 g/cm³，pH 为 5.59，铵态氮含量为 17.94 mg/kg，速效钾含量为 89.05 mg/kg，有效磷含量为 17.85 mg/kg，总磷含量为 720.34 mg/kg。由表 3-6 可知，土层深度为 0～60 cm 时，各金属氧化物的含量大小为 Al_2O_3（13.77%）＞Fe_2O_3（5.44%）＞K_2O（2.33%）＞Na_2O（1.80%）＞MgO（1.30%）＞CaO（1.25%）。图 3-4 所示为兴安落叶松林土壤各理化指标的变异系数，由图可知，不同指标间的变异系数存在一定差异，其中 pH 的变异系数最小，仅为 0.08，属于弱变异，说明 pH 在各样点间较稳定；其次为土壤容重，其变异系数为 0.14；各养分指标的变异系数范围为 0.4～0.71，属于中度变异；各金属氧化物指标间的变异系数差别不大，范围为 0.14～0.42，属于中度变异，其中 Al_2O_3 的变异系数最小，CaO 的变异系数最大。

表 3-5 　不同土层深度各理化指标的含量

土壤理化指标	土层深度				
	0～10 cm	10～20 cm	20～40 cm	40～60 cm	0～60 cm
含水量/%	29.10±10.17a	13.54±8.55b	11.55±6.33b	—	17.93±11.47
容重/（g/cm³）	—	1.01±0.14a	1.13±0.12b	—	1.07±0.14
pH	5.25±0.44a	5.55±0.40b	5.81±0.30c	5.77±0.33bc	5.59±0.43
铵态氮/（mg/kg）	25.15±12.30a	19.54±9.15b	13.39±6.81c	13.36±4.74c	17.94±9.87
速效钾/（mg/kg）	147.90±69.37a	97.74±54.81b	61.78±36.09c	40.30±32.10c	89.05±63.35
有效磷/（mg/kg）	20.42±18.89a	16.38±8.93a	16.06±13.13a	21.38±12.96a	17.85±12.76
总磷/（mg/kg）	968.26±252.10a	607.44±193.82b	659.05±311.53b	629.37±204.33b	720.34±287.76
无机磷/（mg/kg）	257.49±120.23a	246.51±163.34a	345.17±293.08a	302.33±187.73a	288.03±206.73
有机磷/（mg/kg）	710.77±214.13a	360.92±123.66b	313.88±132.75b	327.03±121.34b	432.31±225.86

注：大写字母表示同一土层不同林龄或林型间的差异显著性 $P<0.05$，小写字母表示同一林龄或林型不同土层间的差异显著性 $P<0.05$，下同。

表 3-6   不同土层深度各金属氧化物的含量

土壤理化指标	土层深度				
	0～10 cm	10～20 cm	20～40 cm	40～60 cm	0～60 cm
Na_2O/%	1.15±0.40a	1.88±0.49b	2.12±0.51b	2.04±0.53b	1.80±0.61
MgO/%	0.92±0.30a	1.31±0.29b	1.45±0.28bc	1.55±0.31c	1.30±0.37
Al_2O_3/%	11.54±2.06a	14.04±1.39b	14.64±1.09b	14.91±1.27b	13.77±1.97
K_2O/%	2.03±0.44a	2.38±0.21b	2.45±0.25b	2.47±0.22b	2.33±0.34
CaO/%	1.73±0.75a	1.14±0.34b	1.03±0.24b	1.10±0.23b	1.25±0.52
Fe_2O_3/%	5.05±1.15a	5.30±1.00ab	5.72±1.15b	5.66±0.96ab	5.44±1.09

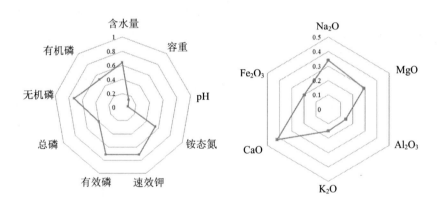

图 3-4   兴安落叶松林土壤各理化指标的变异系数

3.2.1   兴安落叶松林土壤理化指标的剖面分布特征

由表 3-5 可知,铵态氮、速效钾和有机磷的含量均表现为随土壤深度增加而降低的变化特点,符合土壤养分变化的一般规律,表层(0～10 cm)的铵态氮、速效钾和有机磷含量最高,分别为 25.15 mg/kg、147.90 mg/kg 和 710.77 mg/kg;随着土层深度的增加,土壤含水量呈现递减趋势,容重和 pH 呈现递增趋势;除有效磷和无机磷外,其他各指标的表层含量均与其他土层间的含量差异显著。由表 3-6 可知,随着土层深度的增加,除 CaO 外,兴安落叶松林土壤各金属氧化物含量均呈现增加趋势,且表层含量与其他土层间的含量差异显著。

3.2.2　不同林龄兴安落叶松林土壤的理化特征

3.2.2.1　不同林龄兴安落叶松林土壤理化性质的比较

随着林龄的增加，土壤各理化指标呈现出不同的变化趋势（表 3-7）。由表 3-7 可知，土壤的含水量、容重、速效钾含量和无机磷含量均表现出 "V" 字形变化趋势，即幼龄林阶段较高，中龄林阶段降低，近熟林或成过熟林阶段又升高；而有机磷含量呈现倒 "V" 字形趋势，即先增加后减少；pH 随着林龄的增加而增加；铵态氮含量和有效磷含量随林龄的增加而减少。这表明土壤理化性质受到了兴安落叶松生长阶段变化的影响。单因素方差分析显示，幼龄林的 pH 显著低于其他各林龄，但有效磷含量显著高于近熟林和成过熟林，其他各指标在各林龄间的差异均不显著。同时，在不同林龄阶段，表层土壤的含水量、pH、铵态氮含量、速效钾含量和有机磷含量均表现出与其他土层的显著性差异；而有效磷含量和无机磷含量在各土层间的差异均不显著。各土层下的土壤容重、铵态氮含量、速效钾含量和有效磷含量在各林龄间的差异均不显著。

表 3-7　不同林龄兴安落叶松林土壤的理化性质

林龄	土层深度/cm	土壤含水量/%	容重/(g/cm³)	pH	铵态氮/(mg/kg)	速效钾/(mg/kg)	有效磷/(mg/kg)	无机磷/(mg/kg)	有机磷/(mg/kg)
幼龄林	0~10	31.53ABa	—	4.68Aa	27.55Aa	205.23Aa	35.08Aa	205.80Aa	718.62Aa
	10~20	11.63Ab	1.01Aa	5.13Aab	19.20Aab	89.06Ab	20.80Aa	302.62ABa	325.72ABb
	20~40	9.53Ab	1.17Aa	5.60Aab	13.71Ab	48.40Ab	24.93Aa	363.90Aa	247.91Ab
	40~60	—	—	5.76Ab	14.98Ab	48.15Ab	30.16Aa	340.34Aa	304.31ABb
	0~60	17.56A	1.09A	5.32A	19.12A	101.01A	27.04A	300.69A	405.46A
中龄林	0~10	23.83Aa	—	5.41Ba	25.37Aa	159.78Aa	27.45Aa	237.44Aa	647.35Aa
	10~20	13.34Ab	1.01Aa	5.46ABa	20.31Aab	123.63Aa	17.10Aa	219.16ABa	456.48Ab
	20~40	11.58Ab	1.09Aa	5.93Ab	13.39Ab	69.68Ab	18.62Aa	376.24Aa	324.88Ac
	40~60	—	—	5.60Aab	12.08Ab	22.91Ab	29.34Aa	382.49Aa	320.84ABc
	0~60	16.25A	1.05A	5.61B	18.35A	102.10A	20.82AB	292.60A	454.03A
近熟林	0~10	28.73ABa	—	5.31Ba	26.19Aa	121.53Aa	12.11Aa	270.51Aa	701.29Aa
	10~20	15.70Ab	0.99Aa	5.64ABb	18.42Aab	84.18Aab	17.75Aa	166.40Aa	336.41ABb
	20~40	13.88Ab	1.11Aa	5.81Ab	13.39Ab	48.36Ab	13.19Aa	303.80Aa	338.78Ab
	40~60	—	—	5.85Ab	11.70Ab	31.26Ab	15.37Aa	199.98Aa	400.60Ab
	0~60	19.44A	1.05A	5.65B	17.41A	71.97A	14.87BC	238.63A	435.10A

林龄	土层深度/cm	土壤含水量/%	容重/(g/cm³)	pH	铵态氮/(mg/kg)	速效钾/(mg/kg)	有效磷/(mg/kg)	无机磷/(mg/kg)	有机磷/(mg/kg)
成过熟林	0～10	35.08Ba	—	5.33Ba	18.99 Aa	115.92 Aa	7.99Aa	303.49Aa	801.18Aa
	10～20	12.09Ab	1.02 Aa	5.73Bb	20.30 Aa	90.54 Aa	11.48Aa	352.39Ba	289.67Bb
	20～40	9.70Ab	1.18 Aa	5.82Ab	13.11 Aa	84.02 Aa	8.53Aa	352.16Aa	306.99Ab
	40～60	—	—	5.84Ab	15.90 Aa	65.36 Aa	14.01Aa	347.20Aa	239.92Bb
	0～60	18.15A	1.10A	5.66B	17.28A	88.95A	10.78C	338.66A	419.73A

　　土壤中各金属氧化物含量随林龄的增加也呈现不同的变化趋势（表 3-8）。由表 3-8 可知，随着林龄的增加，Na_2O 含量表现出"V"字形变化趋势，即先减小后增加；MgO 和 Al_2O_3 含量呈倒"V"字形趋势，即先增加后减小；K_2O 含量总体呈减小趋势；而 CaO 和 Fe_2O_3 含量总体呈增加趋势。单因素方差分析显示，幼龄林的 Fe_2O_3 含量显著低于其他各林龄，Al_2O_3 含量显著低于近熟林；幼龄林和近熟林的 CaO 含量显著低于成过熟林；Na_2O、MgO 和 K_2O 含量在各林龄间的差异均不显著。随着土层深度的增加，金属氧化物含量在各林龄间的差异减弱，0～10 cm 土层下，幼、中、近熟林的 CaO 含量与成过熟林差异显著，幼龄林的 Fe_2O_3 含量与其他各林龄差异显著；10～20 cm 土层下，中龄林和近熟林的 CaO 含量与成过熟林差异显著；20～40 cm 土层下，幼龄林的 Al_2O_3 含量与近熟林差异显著；40～60 cm 土层下，各金属氧化物含量在各林龄间的差异均不显著；不同土层下，Na_2O、MgO 和 K_2O 含量在各林龄间的差异均不显著。

表 3-8　不同林龄兴安落叶松林土壤的金属氧化物含量

林龄	土层深度/cm	Na_2O/%	MgO/%	Al_2O_3/%	K_2O/%	CaO/%	Fe_2O_3/%
幼龄林	0～10	1.07Aa	0.65Aa	11.00Aa	2.09Aa	1.10Aa	3.55Aa
	10～20	1.93Aa	1.23Aab	13.25Ab	2.45Aab	1.09ABa	4.81Aab
	20～40	2.12Aa	1.23Aab	13.63Ab	2.64Ab	0.99Aa	4.69Aab
	40～60	2.23Aa	1.47Ab	14.30Ab	2.54Aab	1.03Aa	5.52Ab
	0～60	1.86A	1.16A	13.10A	2.45A	1.05A	4.66A
中龄林	0～10	1.20Aa	0.97Aa	11.91Aa	2.08Aa	1.60Aa	5.06Ba
	10～20	1.75Ab	1.26Aab	13.91Aab	2.38Aa	1.01Ab	5.33Aa
	20～40	2.08Ab	1.53Ab	14.71ABb	2.46Aa	0.94Ab	5.90Aa
	40～60	1.92Ab	1.65Ab	15.35Ab	2.56Aa	1.03Aab	5.96Aa
	0～60	1.68A	1.29A	13.65AB	2.32A	1.20AB	5.49B

林龄	土层深度/cm	Na₂O/%	MgO/%	Al₂O₃/%	K₂O/%	CaO/%	Fe₂O₃/%
近熟林	0～10	1.32Aa	1.07Aa	12.41Aa	2.14Aa	1.56Aa	5.29Ba
	10～20	1.89Ab	1.38Aab	14.66Ab	2.36Aab	1.03Ab	5.50Aa
	20～40	1.96Ab	1.49Ab	15.14Bb	2.42Ab	1.06Ab	5.89Aa
	40～60	1.87Ab	1.58Ab	15.32Ab	2.43Ab	1.17Aab	5.55Aa
	0～60	1.78A	1.39A	14.45A	2.35A	1.19A	5.58B
成过熟林	0～10	0.85Aa	0.80Aa	9.89Aa	1.70Aa	2.70Ba	5.80Ba
	10～20	1.93Ab	1.33Ab	13.97Ab	2.34Ab	1.41Bb	5.39Aa
	20～40	2.36Ab	1.44Ab	14.59ABb	2.35Ab	1.12Ab	5.94Aa
	40～60	2.26Ab	1.48Ab	14.44Ab	2.42Ab	1.11Ab	5.71Aa
	0～60	1.93A	1.29A	13.49AB	2.24A	1.50B	5.71B

3.2.2.2　林龄和土层深度对兴安落叶松林土壤理化指标的影响

表 3-9 为林型、林龄和土层深度对兴安落叶松林土壤理化指标的影响结果，由表可知，土层深度对土壤容重、pH、铵态氮含量和有机磷含量均具有极显著（$P<0.01$）或显著（$P<0.05$）影响；林龄对有效磷含量和有机磷含量有显著影响（$P<0.05$）；而林型与土层深度的交互作用对各理化指标均无显著影响（$P>0.05$），这与张芸等（2019）对杉木人工林的研究结果相似。

表 3-9　林型、林龄和土层深度对兴安落叶松林土壤理化指标的影响

影响因素	F 值								
	土壤含水量	土壤容重	pH	铵态氮	速效钾	有效磷	总磷	无机磷	有机磷
土层深度	0.939	11.833**	8.431**	6.628*	2.082	1.340	0.016	1.422	7.586*
林龄	0.804	0.920	2.129	0.167	0.736	3.073*	0.468	0.869	4.638*
林型	1.164	0.664	4.793*	0.826	2.141	2.406	4.317*	3.904*	1.831
林龄×土层深度	0.084	0.160	1.089	0.288	0.220	0.367	0.652	0.241	0.598
林型×土层深度	0.111	0.466	1.414	0.407	0.187	2.062	1.735	1.202	0.375

注：*表示 $P<0.05$ 显著性水平，**表示 $P<0.01$ 显著性水平，***表示 $P<0.001$ 显著性水平，下同。

　　表 3-10 为林型、林龄和土层深度对兴安落叶松林土壤各金属氧化物的影响结果，由表可知，土层深度对除 Fe_2O_3 以外的所有金属氧化物均具有极显著影响（$P<$ 0.001）；林龄对 CaO 和 Al_2O_3 分别有极显著（$P<0.01$）和显著（$P<0.05$）影响；而林龄与土层深度的交互作用对各金属氧化物均无显著影响（$P>0.05$）。

表 3-10　林型、林龄和土层深度对兴安落叶松林土壤各金属氧化物的影响

影响因素	F 值					
	Na_2O	MgO	Al_2O_3	K_2O	CaO	Fe_2O_3
土层深度	13.534***	17.750***	23.183***	8.633***	12.645***	1.719
林龄	0.160	2.311	3.564*	0.956	4.908**	2.541
林型	1.468	7.378**	1.242	0.172	2.652	1.382
林龄×土层深度	0.833	0.520	0.341	0.313	1.455	0.683
林型×土层深度	1.076	0.600	0.748	0.637	0.633	0.379

3.2.3　不同林型兴安落叶松林土壤的理化特征

3.2.3.1　不同林型兴安落叶松林土壤理化指标的比较

　　不同林型间的土壤理化性质存在一定差异（表 3-11）。由表 3-11 可知，土壤含水量大小依次为杜香林＞草类林＞杜鹃林，容重、速效钾含量和有机磷含量大小依次为杜鹃林＞草类林＞杜香林，pH 和铵态氮含量大小依次为草类林＞杜香林＞杜鹃林，有效磷和无机磷含量大小依次为杜鹃林＞杜香林＞草类林。单因素方差分析显示，杜香林的土壤含水量与草类林、杜鹃林差异显著；草类林的 pH 与杜香林、杜鹃林差异显著；草类林的铵态氮含量与杜鹃林差异显著；草类林、杜香林的有效磷含量和无机磷含量与杜鹃林差异显著；容重、速效钾含量和有机磷含量在各林型间的差异均不显著。在不同林型间，除容重、有效磷含量和无机磷含量外，其他指标在表层的含量均表现出与其他土层的显著性差异。各土层下，不同指标在各林型间也存在差异，0～10 cm 土层，杜香林的土壤含水量与草类林、杜鹃林差异显著，草类林的 pH 与杜香林、杜鹃林差异显著；10～20 cm 土层下，草类林的 pH 与杜香林差异显著，草类林的有效磷含量与杜鹃林差异显著；20～40 cm 土层下，杜香林的速效钾含量与杜鹃林差异显著，草类林、杜香林的无机磷含量

与杜鹃林差异显著；40~60 cm 土层下，草类林的 pH、有效磷含量与杜鹃林差异显著，杜香林的有机磷含量与杜鹃林差异显著；容重和铵态氮含量在各林型间的差异均不显著。

表 3-11　不同林型兴安落叶松林土壤理化指标的含量

林分类型	土层深度/cm	含水量/%	容重/(g/cm³)	pH	铵态氮/(mg/kg)	速效钾/(mg/kg)	有效磷/(mg/kg)	无机磷/(mg/kg)	有机磷/(mg/kg)
草类林	0~10	25.24Aa	—	5.52Aa	31.07Aa	152.81Aa	18.11Aa	267.59Aa	661.79Aa
	10~20	13.07Ab	1.01Aa	5.75Ab	21.07Ab	108.53Ac	11.98Aa	190.32Aa	381.01Ab
	20~40	11.98Ab	1.13Aa	5.90Ab	16.35Ab	69.11ABbc	13.07Aa	230.94Aa	340.08Ab
	40~60	—	—	5.90Ab	14.75Ab	44.81Ab	17.12Aa	236.35Aa	329.93ABb
	0~60	16.52A	1.07A	5.77A	20.45A	95.73A	14.45A	232.03A	431.91A
杜香林	0~10	37.23Ba	—	4.97Ba	22.14Aa	130.99Aa	13.15Aa	260.76Aa	698.46Aa
	10~20	17.23Ab	1.01Aa	5.36Bac	20.11Aac	63.05Ab	17.66ABa	254.66Aa	340.39Ab
	20~40	13.73Ab	1.08Aa	5.84Abc	12.02Ab	39.14Ab	14.22Aa	238.18Aa	240.35Ab
	40~60	—	—	5.94ABb	12.07Abc	38.62Ab	17.85ABa	348.96Aa	213.70Ab
	0~60	22.73B	1.05A	5.52B	16.85AB	67.61A	15.91A	265.33A	384.81A
杜鹃林	0~10	26.29Aa	—	5.04Ba	20.96Aa	156.62Aa	38.23Aa	238.34Aa	800.05Aa
	10~20	10.57Ab	1.00Aa	5.44ABb	16.67Aab	116.26Aac	22.46Ba	308.61Aa	356.34Ab
	20~40	8.75Ab	1.20Ab	5.65Ab	11.06Ab	75.26Bbc	22.44Aa	623.51Bb	348.10Ab
	40~60	—	—	5.31Bab	11.51Aab	31.81Ab	33.44Ba	404.17Aab	433.85Bb
	0~60	15.20A	1.10A	5.36B	15.35B	99.97A	26.23B	397.85A	480.42A

土壤各金属氧化物的含量在不同林型间存在一定差异（表 3-12）。由表 3-12 可知，Na_2O、MgO 和 Al_2O_3 的含量大小依次为草类林＞杜香林＞杜鹃林，K_2O 的含量大小依次为杜香林＞杜鹃林＞草类林，CaO 和 Fe_2O_3 的含量大小依次为草类林＞杜鹃林＞杜香林。单因素方差分析显示，草类林的 MgO 和 Al_2O_3 含量与杜鹃林差异显著，草类林的 CaO 含量与杜香林差异显著；杜香林的 Fe_2O_3 含量与草类林和杜鹃林差异显著；Na_2O 和 K_2O 在各林型间的差异均不显著。在不同林型中，除 Fe_2O_3 外，其他金属氧化物在表层的含量均表现出与其他土层的显著性差异。各土层下，不同金属氧化物指标在各林型间也存在差异，0~10 cm 土层下，草类林的 CaO 含量与杜香林差异显著；10~20 cm 土层下，草类林的 MgO 和 CaO 含量与杜鹃林差异显著；20~40 cm 土层下，草类林的 CaO 含量与杜鹃林差异显著，杜香林的 Fe_2O_3

含量与草类林和杜鹃林差异显著；40～60 cm 土层下，草类林和杜香林的 Na_2O 和 MgO 含量与杜鹃林差异显著，草类林的 K_2O 和 CaO 含量与杜鹃林差异显著；CaO 含量在各林型间均存在显著差异，而 Al_2O_3 含量在各林型间的差异均不显著。

表 3-12　不同林型兴安落叶松林土壤各金属氧化物的含量

林分类型	土层深度/cm	Na_2O/%	MgO/%	Al_2O_3/%	K_2O/%	CaO/%	Fe_2O_3/%
草类林	0～10	1.24Aa	1.05Aa	11.71Aa	2.03Aa	2.00Aa	5.51Aa
	10～20	1.85Ab	1.46Ab	14.64Ab	2.38Ab	1.31Ab	5.66Aa
	20～40	2.17Ab	1.58Ab	15.03Ab	2.38Ab	1.16Ab	6.07Aa
	40～60	2.15Ab	1.65Ab	15.14Ab	2.40Ab	1.24Ab	6.01Aa
	0～60	1.90A	1.46A	14.28A	2.03A	1.39A	5.85A
杜香林	0～10	1.13Aa	0.91Aa	12.32Aa	2.17Aa	1.18Ba	4.48Aa
	10～20	1.88Ab	1.31ABab	13.80Ab	2.45Ab	1.15ABa	4.92Aa
	20～40	2.08Ab	1.37Ab	14.14Ab	2.61Ab	1.06ABa	4.77Ba
	40～60	2.39Ab	1.65Ab	14.42Ab	2.41ABab	0.99ABa	5.19Aa
	0～60	1.84A	1.28AB	13.64AB	2.42A	1.11B	4.82B
杜鹃林	0～10	1.09Aa	0.81Aa	10.80Aa	1.92Aa	1.91ABa	5.08Aa
	10～20	1.90Ab	1.12Bb	13.58Ab	2.28Aab	0.89Bb	5.33Aa
	20～40	2.10Ab	1.34Ab	14.54Ab	2.39Ab	0.84Bb	6.07Aa
	40～60	1.47Bab	1.24Bb	14.95Ab	2.68Bb	0.94Bb	5.43Aa
	0～60	1.65A	1.11B	13.23B	2.26A	1.19AB	5.50A

3.2.3.2　林型和土层深度对兴安落叶松林土壤理化指标的影响

由表 3-9 可知，林型对兴安落叶松林的 pH 和无机磷含量有显著影响（$P<0.05$），而林型与土层深度的交互作用对各理化指标均无显著影响（$P>0.05$）。

由表 3-10 可知，林型对兴安落叶松林的 MgO 含量有显著影响（$P<0.01$），而林型与土层深度的交互作用对各金属氧化物均无显著影响（$P>0.05$）。

3.2.4　兴安落叶松林各理化指标间的相关关系

表 3-13 为兴安落叶松林土壤各理化指标间的相关系数，由表可知，兴安落叶

松林各理化指标间存在一定的相关性，其中土壤含水量与容重、pH 呈极显著负相关关系（$P<0.01$），相关系数分别为–0.636 和–0.482，与总磷和有机磷呈极显著正相关关系（$P<0.01$），相关系数分别为 0.407 和 0.601；容重与铵态氮呈极显著负相关关系（$r=-0.519$，$P<0.01$）；pH 与速效钾、有效磷、总磷和有机磷均呈显著（$P<0.05$）或极显著（$P<0.01$）负相关关系，相关系数分别为–0.246、–0.385、–0.362 和–0.453；铵态氮与速效钾、有效磷和有机磷均呈极显著（$P<0.01$）或显著（$P<0.05$）正相关关系，相关系数分别为 0.365、0.248 和 0.267；速效钾与有机磷呈显著正相关关系（$r=0.380$，$P<0.01$）；有效磷与总磷呈极显著正相关关系（$r=0.310$，$P<0.01$）；有机磷与总磷呈极显著正相关关系（$r=0.701$，$P<0.01$）。

表 3-13　兴安落叶松林土壤各理化指标间的相关系数

	土壤容量	pH	铵态氮	速效钾	有效磷	总磷	有机磷
土壤含水量	–0.636**	–0.482**	0.189	0.152	–0.138	0.407**	0.601**
土壤容量	—	0.154	–0.519**	–0.055	0.028	0.181	–0.159
pH	—	—	–0.162	–0.246*	–0.385**	–0.362**	–0.453**
铵态氮	—	—	—	0.365**	0.248*	0.104	0.267*
速效钾	—	—	—	—	0.202	0.169	0.380**
有效磷	—	—	—	—	—	0.310**	0.102
总磷	—	—	—	—	—	—	0.701**

3.3　讨论与小结

3.3.1　讨论

森林土壤是在森林植被下产生和发育起来的，是森林植被生长的基质，其基本理化性质直接关系着植被的生长状况，经营措施得当，将有利于土壤养分的释放和林木的再吸收（宋彦彦等，2019）。

3.3.1.1　大兴安岭林区土壤化学性质的空间特征

空间上连续分布的土壤会受到内在变异和外在因素的控制和影响，其理化性质在不同尺度上均呈现明显的空间异质性，森林土壤尤其如此（景莎等，2016）。由各指标的变异系数可知（表 3-1），大兴安岭林区的 pH 较稳定，各养分指标均为中等变异。利用地统计学对大兴安岭林区表层土壤化学指标的空间分布规律进行分析可为土壤有机碳的变化研究提供基础数据。地统计学分析要求变量满足正态分布，本书中除总磷和有机磷外，其他指标均不符合正态分布，需进行自然对数转换。由半方差函数分析（表 3-4）可知，铵态氮、速效钾和有效磷表现为高强度空间自相关性，气候、植被、土壤等结构性因素对其空间变异影响较大，而总磷、无机磷和有机磷表现为中强度空间自相关性，同时受到结构性因素和人类活动等随机因素的影响。由空间分布图（图 3-3）可知，大兴安岭林区土壤表层各理化指标含量总体沿东北—西南走向呈现一定的东西对称特征。总磷、无机磷和有机磷呈现随纬度降低先增加后减小的变化规律，而其他各指标则呈斑块状分布。

3.3.1.2　兴安落叶松林土壤理化性质的剖面特征

兴安落叶松林土壤的铵态氮、速效钾和有机磷含量整体随土层深度的增加而降低，符合土壤养分剖面变化的一般规律（宋彦彦等，2019）。森林土壤表面覆盖有大量的枯枝落叶，土壤结构疏松，通气性较好，生物活动强烈，枯落物通过微生物的分解形成大量腐殖质，导致表层土壤养分较高（秦晓佳等，2012）。随着土层深度的增加，枯枝落叶等动植物残体逐渐减少，养分含量也随之减少。

pH 是限制植被类型的重要化学性质之一，会影响植物向土壤中输送有机质。随着土层深度的增加，兴安落叶松林土壤的 pH 呈递增趋势，表明土壤酸性逐渐减弱。表层土壤与枯落物直接接触，枯枝落叶分解产生的腐殖酸经淋溶作用进入土壤，导致表层 pH 较低（洪雪姣，2012）。

含水量和容重是表征土壤物理性质的重要指标（崔宁洁等，2014），兴安落叶松林的土壤含水量随土层的加深而减少，但容重随土层的加深而增大。土壤容重表示土壤的孔隙度和紧实度，其大小可以反映出土壤透水性、通气性及根系伸展时的阻力大小（贾树海等，2017）。一般而言，容重小，则土壤疏松，将有利于拦渗蓄水，减缓径流冲刷，容重大则相反（洪雪姣，2012）。森林土壤表层覆盖有大量枯枝落叶，腐烂后进入土壤使土壤表层变得疏松，所以容重较小，但随着土层的加深，土体变得坚实，容重就会逐渐增大（曹小玉等，2014）。

3.3.1.3   兴安落叶松林土壤理化指标的影响因素

（1）林龄

随着林龄的增加，兴安落叶松林土壤各理化指标呈现不同的变化趋势，表明土壤理化性质受到兴安落叶松生长阶段变化的影响。众多学者针对不同森林类型，如马尾松林（崔宁洁等，2014）、樟子松林（李红，2020）、胡杨林（王新英等，2016；王飞等，2020）等，开展了林龄对土壤理化性质的影响研究，得到了不尽相同的结果。本书研究表明，林龄对兴安落叶松林土壤的容重和含水量均无显著影响，且这二者随林龄的变化表现出"V"字形变化趋势。生长初期，兴安落叶松为了满足自身生长需要，从土壤中吸收大量水分，导致土壤含水量降低；壮年之后，随着林龄的增加，林分郁闭度增大，地表枯落物增加，土壤蒸发作用减弱，土壤含水量升高（凡国华等，2019）。pH 随林龄的增加而增加，且在幼龄林阶段显著低于其他生长阶段。而有机磷呈现倒"V"字形趋势，即先增加后减少；铵态氮和有效磷随林龄的增加而减少。兴安落叶松在生长过程中不断从土壤中吸收养分，使土壤中的养分逐渐降低。

（2）林型

森林类型不同，其地表凋落物的量及组成、根系生长发育和凋落物分解速率等均不同，造成了不同林分土壤理化性质的差异（秦娟等，2013；唐靓茹等，2020）。在本书中，林下植被的差异使 3 种不同林型的兴安落叶松林土壤理化性质间存在一定差异。其中，草类林的土壤理化性质与杜鹃林和杜香林差异明显，而杜香与杜鹃同属杜鹃科灌木，两者间的差异不显著。土壤水分会参与土壤中的物质转化和代谢过程，并在母岩风化和土壤形成过程中起到重要作用（秦娟等，2013）。本书中，草类林的含水量显著小于杜香林，在一定程度上反映了其土壤持水能力的差异。土壤 pH 可控制和影响土壤中微生物区系的改变，影响营养元素的转化方向和过程、形态及其有效性（谷思玉等，2012）。pH 过低，土壤易酸化、板结，不利于土壤养分的积累。在本书中，3 种林型的 pH 均在 5.0～6.0，其中草类林的pH 显著大于杜香林和杜鹃林，表明草类林凋落物养分的分解与转化速率较高，养分的快速归还降低了其土壤的酸性。不同的林下植被特性使各林型间的土壤养分存在差异，其中，草类林的铵态氮含量显著大于杜鹃林，有效磷含量显著小于杜鹃林。

3.3.1.4 兴安落叶松林土壤各理化指标间的相关性

土壤各理化指标间的相关关系既可作为土壤肥力的评价指标，又对指导林木的合理经营具有重要意义（王飞等，2020）。在本书中，兴安落叶松林土壤各理化指标间的关系密切，其中，土壤含水量与 pH 呈极显著负相关关系，与王飞等（2020）的研究结果一致；土壤含水量与容重呈极显著负相关关系，与刘欣等（2018）对华北落叶松林土壤的研究结果一致。土壤养分间的相关性更为密切，在兴安落叶松林中，土壤养分主要受表层凋落物及动物残体的分解影响，因此，铵态氮、速效钾、有效磷、有机磷间均存在显著正相关关系（王新英等，2016）。

3.3.2　小结

（1）大兴安岭林区表层土壤的理化指标呈现一定的空间特征。pH 较稳定，无机磷为强变异，其他指标均为中等变异。气候、植被、土壤等结构性因素对铵态氮、速效钾和有效磷的空间特征影响较大，而总磷、无机磷和有机磷同时受到结构性因素和人类活动等随机因素的影响。大兴安岭林区土壤表层各理化指标的含量总体沿东北—西南走向呈现一定的东西对称特征，总磷、无机磷和有机磷呈现随着纬度降低先增加后减小的变化规律，而其他各指标则呈斑块状分布。

（2）兴安落叶松林的土壤理化指标呈现一定的剖面特征。随着土壤深度的增加，铵态氮、速效钾、有机磷等养分指标的含量和土壤含水量呈下降趋势，pH 和容重呈递增趋势；除 CaO 外，土壤各金属氧化物的含量整体呈增加趋势，且表层含量与其他土层间差异显著。同时，土壤理化性质间存在显著相关关系。

（3）不同林龄、林型的兴安落叶松林的土壤理化性质存在一定差异。随着林龄的增加，土壤各理化指标呈现出不同的变化趋势。土壤的含水量、容重、速效钾含量和无机磷含量均表现出"V"字形变化趋势，即幼龄林阶段较高，中龄林阶段降低，近熟或过成熟林阶段又升高；而有机磷含量呈现倒"V"字形趋势，即先增加后减少；pH 随林龄的增加而增大；铵态氮和有效磷的含量随林龄的增加而减少。

4 大兴安岭林区土壤总有机碳特征

本章将分析大兴安岭林区土壤（0～20 cm）总有机碳的空间变异特征，比较不同林型、林龄的兴安落叶松林土壤（0～60 cm）总有机碳的差异性，并探讨森林土壤总有机碳的影响机制。

4.1 大兴安岭林区土壤总有机碳的空间变异特征

大兴安岭林区各样点表层土壤（0～20 cm）总有机碳（TOC）含量的统计结果显示，大兴安岭林区森林土壤总有机碳的含量范围为 14.94～129.14 g/kg，均值为 48.60 g/kg，变异系数为 0.56，属于中等程度变异。

4.1.1 土壤总有机碳的数据检验与变换

土壤总有机碳的非参数检验（K-S 检验）结果（表 4-1）显示，总有机碳的原始数据检验值 sig.为 0.001，不符合正态分布。故对其进行自然对数转换，使其符合正态分布要求，进而满足地统计学分析要求，可用于半方差函数模型拟合。

表 4-1   土壤总有机碳转换前后的 K-S 值

因子	K-S 值	sig.	K-S 值*	sig.*
有机碳	0.162	0.001	0.075	0.200

注：sig.值＜0.05，非正态分布；*为自然对数转换后的结果；sig.值=0.200，符合正态分布。

4.1.2　土壤总有机碳的模型筛选

　　在进行半方差函数拟合之前，利用 GS+软件对原始数据进行了二次检验，检验结果与 SPSS 软件的分析结果一致，土壤总有机碳经过自然对数变换后的数据相对于原始数据和平方根变换后的数据，偏度更小，更符合正态分布要求，具体结果见表 4-2 和图 4-1。

表 4-2　土壤总有机碳转换前后的偏度和峰度值

	原始数据		平方根转换后		对数转换后	
	偏度	峰度	偏度	峰度	偏度	峰度
总有机碳	1.12	0.81	0.58	−0.26	0.04	−0.73

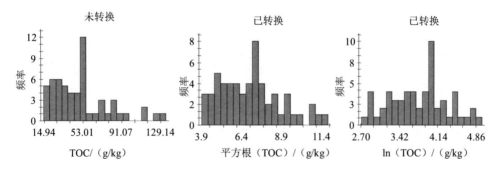

图 4-1　土壤总有机碳转换前后的频率直方图

　　采用地统计学方法，对经自然对数转换后的土壤总有机碳进行拟合和比较，从而选出最优的插值模型（表 4-3）。通过对比发现，高斯模型的决定系数 R^2（0.702）最大，残差值 RSS（0.027 9）最小，因此将高斯模型作为土壤总有机碳的最优半方差理论模型，用于分析大兴安岭林区表层土壤总有机碳的空间变异特征。如图 4-2 所示，土壤总有机碳的半方差函数曲线一开始呈现明显上升趋势，即随着分割距离的增大，半方差逐渐增大，之后趋于平缓，半方差上下波动。由表 4-3 可知，高斯模型中，土壤总有机碳的块基比为 0.034%，表现为高等强度的空间自相关性，这说明气候、植被、土壤等结构性因素才是引起土壤总有机碳空间变异的决定性因素，人类活动等随机因素的影响很微弱。

表 4-3　土壤总有机碳各拟合模型参数

理论模型	块金值 C_0	基台值 $C+C_0$	块基比 $C_0/（C+C_0）$	变程（A）/ （°）	决定系数 R^2	残差值 RSS
球面模型	0.000 1	0.292 2	0.000 342	1.136	0.661	0.033 4
指数模型	0.000 1	0.295 2	0.000 339	1.425	0.513	0.044 0
线性模型	0.214 9	0.311 25	0.690	3.990 1	0.108	0.072 4
高斯模型	0.000 1	0.294 2	0.000 340	0.924 92	0.702	0.027 9

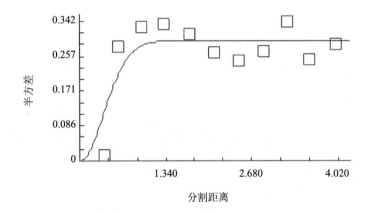

图 4-2　土壤总有机碳的半方差函数

4.1.3　土壤总有机碳的空间分布特征

根据半方差函数的分析结果，利用 Kriging 法对土壤总有机碳数据进行空间插值，得到大兴安岭林区表层土壤（0～20 cm）总有机碳含量的空间分布结果（图 4-3）。由图 4-3 可知，大兴安岭林区表层土壤总有机碳含量存在一定空间差异，呈斑块状分布特征，高值主要出现在林区中部，但空间上未呈现明显的变化趋势。

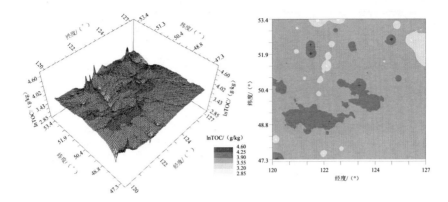

图 4-3　大兴安岭林区表层土壤总有机碳的空间分布

4.1.4　土壤总有机碳的影响因子分析

　　土壤总有机碳与各理化指标的相关性分析（表 4-4 和图 4-4）表明，大兴安岭林区土壤总有机碳含量与铵态氮、总磷和有机磷均呈极显著正相关关系（相关系数分别为 0.635、0.470 和 0.609，$P<0.01$），与速效钾呈显著正相关关系（相关系数为 0.339，$P<0.05$），相关方程的斜率分别为 1.316 3、0.032 1、0.044 0 和 0.131 5，这表明，土壤中的铵态氮、总磷、有机磷和速效钾每变动 1 mg，相应的总有机碳含量的变动分别为 1 316.3 mg、32.1 mg、44 mg 和 131.5 mg，变化将直接影响到土壤中微生物的活性，进而对土壤有机碳累积和碳储量产生影响；土壤总有机碳与无机磷、有效磷均呈负相关关系（相关系数分别为 –0.199 和 –0.052），但并不显著（$P>0.05$）。其他各养分指标间的相关关系表现为铵态氮与有机磷呈极显著正相关关系（$P<0.01$），与速效钾呈显著正相关关系（$P<0.05$），与无机磷呈显著负相关关系（$P<0.05$）；无机磷与有效磷、总磷均呈显著正相关关系（$P<0.05$）；有机磷与总磷呈极显著正相关关系（$P<0.01$）；其余各变量间的相关性并不显著。

表 4-4　大兴安岭林区土壤各理化指标间的相关系数

理化指标	铵态氮	有效磷	速效钾	总磷	无机磷	有机磷
铵态氮	1	—	—	—	—	—
有效磷	–0.137	1	—	—	—	—
速效钾	0.327*	–0.087	1	—	—	—

理化指标	铵态氮	有效磷	速效钾	总磷	无机磷	有机磷
总磷	0.194	0.263	0.036	1	—	—
无机磷	−0.311*	0.291*	0.007	0.317*	1	—
有机磷	0.377**	0.01	0.107	0.816**	−0.198	1

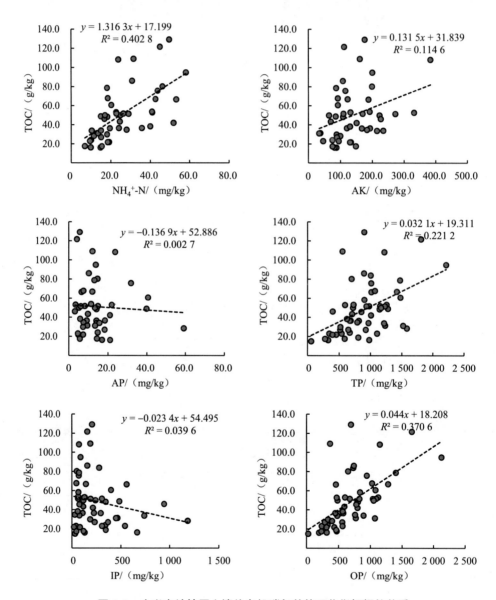

图 4-4　大兴安岭林区土壤总有机碳与其他理化指标间的关系

4.1.5 土壤总有机碳的通径分析

通径分析是回归分析的拓展，可用于分析多个自变量与因变量间的关系，本研究选取土壤总有机碳为因变量，铵态氮、有效磷、速效钾、无机磷、有机磷为自变量，分析各养分指标对土壤总有机碳的影响。由于总磷与有机磷的相关性（表4-4）太高，因此不予考虑。回归分析前，需要分别对因变量和自变量进行检验。

（1）因变量正态检验

通径分析要求因变量满足正态分布，K-S 检验结果显示，土壤总有机碳的统计量 sig.值为 0.001＜0.05，不服从正态分布。但对总有机碳进行自然对数转换后，sig.值为 0.200＞0.05，服从正态分布，可以进行通径分析。

（2）自变量共线性检验

自变量参数间的高相关性，即重复表达，会造成回归模型的不稳定。因此，需要对自变量进行共线性检验，去除高相关性对回归模型的影响。共线性检验的方法较多，本书采用了以下 3 种方法。

①方差扩大因子（VIF）法。VIF 的取值大于 1，其值越接近于 1，多重共线性越轻，反之越重；当 VIF＞10 或容差＜0.1 时，认为自变量间存在多重共线性。

②相关系数法。当两个变量间相关系数的绝对值＞0.7 时，认为自变量间存在多重共线性。

③方差比例法。当有多个方差比例值接近于 1，或条件索引大于 10，或多个维度特征根约为 0 时，认为自变量间存在多重共线性（谷恒明等，2018）。由多元线性回归结果表和相关系数表（表4-4～表4-6）可知，各自变量间不存在多重共线性，可用于回归分析。

表 4-5　多元线性回归系数

模型	非标准化系数		标准系数	t	显著性	共线性统计	
	B	标准错误	β			容许	VIF
（常量）	−3.128	11.231	—	−0.279	0.782	—	—
NH₄⁺-N	0.949	0.269	0.449	3.530	0.001	0.720	1.388
AK	0.055	0.047	0.138	1.179	0.246	0.851	1.176
AP	0.042	0.340	0.016	0.124	0.902	0.712	1.404

模型	非标准化系数		标准系数	t	显著性	共线性统计	
	B	标准错误	β			容许	VIF
IP	0.001	0.017	0.007	0.051	0.960	0.626	1.598
OP	0.029	0.009	0.394	3.306	0.002	0.822	1.216

注：因变量为 TOC。

表 4-6　共线性检验

维度	特征值	条件指数	常量	方差比例				
				NH_4^+-N	AK	AP	IP	OP
1	4.774	1.000	0	0.01	0.01	0.01	0.01	0.01
2	0.674	2.661	0	0.03	0.02	0.07	0.22	0.02
3	0.198	4.910	0	0	0.36	0.18	0.09	0.35
4	0.181	5.140	0.01	0.01	0.10	0.71	0.43	0.10
5	0.114	6.463	0.01	0.90	0.25	0.03	0.00	0.24
6	0.059	9.024	0.97	0.05	0.27	0	0.25	0.27

　　通过进行回归分析，自变量被逐步引入回归方程，回归方程的相关系数和决定系数逐渐增大，说明引入的自变量对土壤总有机碳的作用在增强。最终筛选出的变量为铵态氮和有机磷，可以解释 60.6% 的变化，由于采样点分布范围较大，且还有一些影响因素未被考虑到，因此有待后面更全面的分析。显著性检验结果表明，x_1、x_2 的偏回归系数显著性均小于 0.01，表明自变量与因变量之间存在显著性差异，具有统计学意义，均应留在方程中。得到线性回归方程为 $y=0.02x_1+0.001x_2+2.809$（y 为总有机碳自然对数值，x_1 为铵态氮含量值，x_2 为有机磷含量值）。

　　由表 4-7 可以看出，2 个自变量中，铵态氮对总有机碳含量的直接作用较有机磷大；有机磷通过铵态氮对总有机碳的间接作用较大，其间接通径系数为 0.188；铵态氮通过有机磷对总有机碳的间接通径系数为 0.163。铵态氮、有机磷与总有机碳的相关系数分别为 0.666 和 0.623，表明两者对总有机碳含量的增加均具有重要影响。

表 4-7 土壤总有机碳通径系数

自变量	与总有机碳的相关系数	直接通径系数（直接作用）	间接通径系数（间接作用）	
			铵态氮	有机磷
铵态氮	0.666	0.503	—	0.163
有机磷	0.623	0.435	0.188	—

4.2 兴安落叶松林土壤总有机碳特征

4.2.1 土壤总有机碳的剖面特征

4.2.1.1 土壤总有机碳的剖面统计特征

兴安落叶松林土壤（0~60 cm）总有机碳的平均含量为 53.35 g/kg，呈现一定的剖面变化特征。由表 4-8 可知，随着土层深度增加，土壤总有机碳的含量逐渐降低。0~10 cm、10~20 cm、20~40 cm、40~60 cm 土层中的土壤总有机碳含量分别为（142.18±59.53）g/kg、（31.06±23.99）g/kg、（16.08±11.26）g/kg、（13.42±8.16）g/kg，变异系数分别为 0.41、0.77、0.70 和 0.61。方差分析和多重比较分析显示，表层土壤（0~10 cm）的总有机碳含量与 10~20 cm、20~40 cm、40~60 cm 三个土层的总有机碳含量均存在显著差异（$P<0.01$），但三个土层之间的差异均不显著，这表明兴安落叶松林土壤总有机碳具有明显的表层富集性。

表 4-8 兴安落叶松林不同深度土层总有机碳含量特征

土层深度/cm	最小值/（g/kg）	最大值/（g/kg）	平均值/（g/kg）	标准差/（g/kg）	变异系数
0~10	30.01	279.34	142.18a	59.53	0.41
10~20	5.32	87.70	31.06b	23.99	0.77
20~40	2.73	47.69	16.08b	11.26	0.70
40~60	4.28	34.08	13.42b	8.16	0.61
0~60	2.73	279.34	53.35	63.59	1.19

4.2.1.2　土壤总有机碳的垂向衰减模型

由土壤剖面相邻土层间总有机碳的散点拟合图（图 4-5）发现，在线性函数、指数函数、对数函数和幂函数中，可用于描述兴安落叶松林土壤总有机碳剖面衰减的最佳模型为幂函数模型，即各土层的土壤总有机碳含量均呈幂函数关系下降，除 10～20 cm 土层外，其他均显著下降。

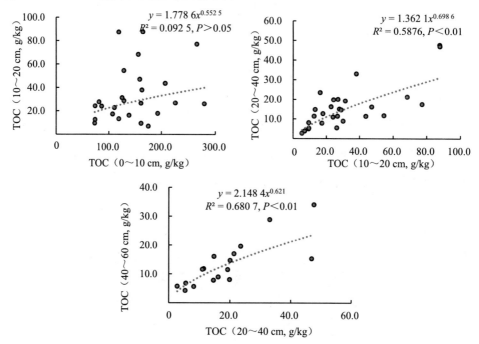

图 4-5　兴安落叶松林各土层间土壤总有机碳衰减模型

4.2.1.3　土壤总有机碳的富集系数

土壤总有机碳的富集系数是指某一土层总有机碳含量与整个土壤剖面总有机碳平均含量的比值（管利民等，2012）。兴安落叶松林土壤总有机碳的富集系数总体随土层深度增加而逐渐减小，且各样点间的差异也逐渐减小（图 4-6）。0～10 cm土层的土壤总有机碳富集系数为 2.56，显著高于 10～60 cm 土层，且 10 cm 以下土层的土壤总有机碳富集系数均小于 1，表明土壤总有机碳主要富集在 10 cm 以上土层。同时，计算得到表层土壤（0～10 cm）总有机碳平均贡献率为 71.83%。

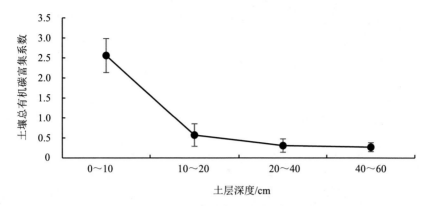

图4-6　兴安落叶松林各土层土壤总有机碳富集系数

4.2.2　土壤总有机碳与土壤各理化指标间的相关性分析

由土壤总有机碳与土壤各理化指标间的相关性分析（表4-9）可以看出，土壤总有机碳含量与土壤含水量、铵态氮、速效钾、总磷、有机磷呈极显著正相关关系（$P<0.01$），其中与有机磷的相关系数最大，为0.813；与土壤容重和pH呈极显著负相关关系（$P<0.01$），而与有效磷和无机磷的相关性不显著（$P>0.05$）。pH、土壤容重的负相关系数表明，pH和土壤容重的增加会导致土壤有机碳的流失。相反，土壤含水量、铵态氮、速效钾、总磷、有机磷的正相关系数表明，这些指标有利于土壤有机碳的累积。同时，土壤各理化指标之间也存在一定的相关性。如土壤含水量与土壤容重呈极显著负相关关系，与总磷呈极显著正相关关系；土壤容重与无机磷呈显著正相关关系，与铵态氮呈显著负相关关系；pH与速效钾、有效磷、总磷、有机磷呈极显著负相关关系；铵态氮与速效钾呈极显著正相关关系，与有效磷和有机磷呈显著正相关关系；速效钾与有机磷呈极显著正相关关系；有效磷与总磷呈极显著正相关关系，与无机磷呈显著正相关关系；总磷与无机磷、有机磷呈极显著正相关关系。由土壤总有机碳与各金属氧化物的相关性分析（表4-10）可以看出，土壤总有机碳含量与Na_2O、MgO、Al_2O_3、K_2O、Fe_2O_3呈极显著负相关关系（$P<0.01$），其中与Na_2O的相关程度最高（$r=-0.732$），而与CaO呈极显著正相关关系（$r=0.587$，$P<0.01$）；各金属氧化物之间（除CaO和Fe_2O_3外）均呈显著正相关或负相关关系。

表4-9 兴安落叶松林土壤总有机碳与土壤各理化指标间的相关系数

	总有机碳	土壤含水量	土壤容重	pH	铵态氮	速效钾	有效磷	总磷	无机磷	有机磷
总有机碳	1									
土壤含水量	0.785**	1								
土壤容重	−0.523**	−0.636**	1							
pH	−0.593**	−0.482**	0.154	1						
铵态氮	0.304**	0.189	−0.519*	−0.162	1					
速效钾	0.419**	0.152	−0.055	−0.246**	0.365**	1				
有效磷	0.114	−0.138	0.028	−0.385**	0.248*	0.202	1			
总磷	0.591**	0.407**	0.181	−0.362**	0.104	0.169	0.310**	1		
无机磷	−0.062	−0.096	0.279*	0.011	−0.135	−0.167	0.287*	0.626**	1	
有机磷	0.813**	0.601**	−0.159	−0.453**	0.267*	0.380**	0.102	0.701**	−0.117	1

表4-10 兴安落叶松林土壤总有机碳与各金属氧化物间的相关系数

	TOC	Na_2O	MgO	Al_2O_3	K_2O	CaO	Fe_2O_3
TOC	1						
Na_2O	−0.732**	1					
MgO	−0.634**	0.643**	1				
Al_2O_3	−0.642**	0.495**	0.831**	1			
K_2O	−0.524**	0.243*	0.244*	0.534**	1		
CaO	0.587**	−0.594**	−0.274*	−0.486**	−0.549**	1	
Fe_2O_3	−0.225*	0.297**	0.575**	0.423**	−0.405**	0.150	1

在不同深度土层,土壤总有机碳与各理化指标呈现不同的相关关系(表4-11)。土壤总有机碳与土壤含水量在各土层均呈极显著正相关关系;与土壤容重在10~20 cm土层呈极显著负相关关系;与pH在0~10 cm和10~20 cm土层呈显著负相关关系,在20~40 cm土层呈极显著负相关关系;与铵态氮在20~40 cm土层呈显著正相关关系;与有效磷在20~40 cm土层呈极显著正相关关系;与总磷在0~10 cm土层呈极显著正相关关系,在10~20 cm土层呈显著正相关关系;与有机磷在0~10 cm土层呈极显著正相关关系,在其他土层呈显著正相关关系;而与速效钾和无机磷在各土层均不存在显著相关关系。在不同深度土层,土壤总有机

碳与各金属氧化物间的显著相关性仅表现在 Na_2O、MgO 和 Al_2O_3 上，其中，土壤总有机碳与 Na_2O 在 0～10 cm、10～20 cm 和 20～40 cm 土层呈极显著负相关关系（表4-12）。

表4-11 兴安落叶松林土壤总有机碳与各理化指标间的相关系数

土层深度/cm	土壤含水量	土壤容重	pH	铵态氮	速效钾	有效磷	总磷	无机磷	有机磷
0～10	0.627**	—	−0.513*	−0.425	−0.159	0.079	0.519**	−0.011	0.617**
10～20	0.618**	−0.487**	−0.421*	0.205	0.233	0.036	0.470*	0.202	0.470*
20～40	0.509**	−0.314	−0.640**	0.390*	−0.017	0.536**	0.361	0.202	0.400*
40～60	—	—	−0.332	−0.035	−0.187	−0.092	0.316	0.005	0.524*

表4-12 兴安落叶松林土壤总有机碳与各金属氧化物间的相关系数

土层深度/cm	Na_2O	MgO	Al_2O_3	K_2O	CaO	Fe_2O_3
0～10	−0.578**	−0.500*	−0.444*	−0.338	0.278	−0.149
10～20	−0.744**	−0.011	0.410	0.165	0.398	0.091
20～40	−0.676**	−0.215	0.101	0.299	0.164	−0.206
40～60	−0.524*	0.028	0.589*	0.206	0.013	0.324

4.3 不同林龄兴安落叶松林土壤总有机碳特征

4.3.1 不同林龄兴安落叶松林土壤的总有机碳含量

从土壤总有机碳含量的均值（图4-7）来看，不同林龄兴安落叶松林土壤的总有机碳含量大小为幼龄林（64.49 g/kg）＞成过熟林（55.34 g/kg）＞中龄林（53.22 g/kg）＞近熟林（46.81 g/kg）。在兴安落叶松林整个生长过程中，土壤总有机碳含量呈现先减小后增加的"V"字形变化特征，即兴安落叶松林的土壤总有机碳含量在幼龄林阶段最高，之后随着树木的生长，土壤总有机碳含量逐渐减少，到成熟阶段，土壤总有机碳又开始大量累积。各林龄阶段的变异系数分别为1.29、1.00、1.15、1.37，变异程度为中龄林＞近熟林＞幼龄林＞成过熟林，均属于强度变异。方差分析和多重比较发现，土壤总有机碳含量在不同林龄阶段间的差异均不显著（$P > 0.05$）。

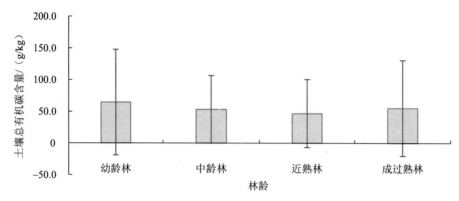

图 4-7 不同林龄兴安落叶松林土壤的总有机碳含量

4.3.2 不同林龄兴安落叶松林土壤总有机碳的剖面特征

由图 4-8 可以看出，随着土层的加深，各林龄阶段的兴安落叶松林土壤总有机碳含量均呈现逐渐减少趋势，即 0～10 cm 土层的土壤总有机碳含量最高，从幼龄林到成过熟林分别为 180.4 g/kg、123.97 g/kg、129.59 g/kg 和 183.31 g/kg，分别是 10～20 cm、20～40 cm 和 40～60 cm 土层的 5.46 倍、3.19 倍、5.36 倍和 5.57 倍，10.34 倍、7.29 倍、7.65 倍和 15.16 倍，12.36 倍、9.57 倍、8.52 倍和 17.78 倍。

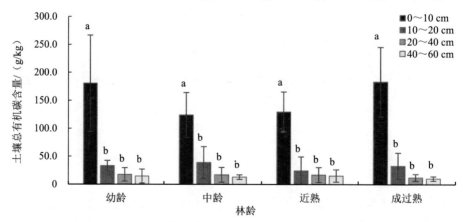

图 4-8 不同林龄兴安落叶松林土壤的总有机碳含量

同一个土层深度，不同林龄阶段，兴安落叶松林土壤总有机碳含量呈现出明显的变异特征（表4-13）。其中，土壤表层变化最大，在123.97～183.31 g/kg，变异系数为0.18；20～40 cm土层变化最小，在12.09～17.45 g/kg，变异系数为0.14。因此，各土层总有机碳含量的变异程度大小为0～10 cm＞10～20 cm＞40～60 cm＞20～40 cm。各林龄阶段不同土层间的变异系数均在0.90以上，其中，成过熟林最为显著，变异系数达1.21。不同林龄阶段，兴安落叶松林土壤的总有机碳含量在各土层均表现为差异极显著（$P<0.01$），而各土层之间差异不显著（$P>0.05$）。同时，各土层不同林龄阶段间的差异也不显著（$P>0.05$）。

表4-13　变异系数

土层深度	幼龄林	中龄林	近熟林	成过熟林
0～10 cm	0.48	0.32	0.28	0.34
10～20 cm	0.28	0.73	1.03	0.71
20～40 cm	0.68	0.77	0.77	0.51
40～60 cm	0.85	0.32	0.72	0.37

在兴安落叶松林从幼龄林发育到成过熟林的过程中，土壤总有机碳含量呈现出一定的变化规律。其中各土层的土壤总有机碳含量变化特征存在一定差异，表层土壤表现为总有机碳含量从幼龄林到中龄林减少、到近熟林和成过熟林又逐渐增加，即先减少后增加的变化特征；而其他土层的变化趋势不明显，各林龄阶段的差异也不明显。

4.3.3　不同林龄兴安落叶松林土壤总有机碳与土壤各理化指标间的关系

4.3.3.1　土壤总有机碳与土壤各理化指标间的相关性分析

由土壤总有机碳与土壤各理化指标的相关系数表（表4-14）可知，在兴安落叶松林的生长发育过程中，不同林龄阶段的土壤总有机碳与其理化指标间的相关关系不尽相同。其中，不同林龄的兴安落叶松林土壤总有机碳与pH均呈极显著的负相关关系，与有机磷和土壤含水量呈极显著的正相关关系；在幼龄林阶段，土壤总有机碳与速效钾呈显著正相关关系，与铵态氮、有效磷、无机磷和容重的相关性均不显著；在中龄林和成过熟林阶段，土壤总有机碳与铵态氮、速效钾、有效磷、无机磷和容重的相关性均不显著；在近熟林阶段，土壤总有机碳与速效钾呈极显著正相关关系，与容重呈极显著负相关关系，与铵态氮、有效磷和无机磷的相关性均不显著。

表 4-14　不同林龄兴安落叶松林土壤总有机碳与土壤各理化指标间的相关系数

林龄	含水量	容重	pH	铵态氮	速效钾	有效磷	无机磷	有机磷
幼龄林	0.865**	−0.659	−0.823**	0.390	0.591*	0.205	−0.262	0.921**
中龄林	0.766**	−0.387	−0.613**	0.376	0.333	0.222	−0.034	0.874**
近熟林	0.647**	−0.715**	−0.628**	0.277	0.521**	−0.280	0.065	0.799**
成过熟林	0.919**	−0.468	−0.605**	0.192	0.164	−0.168	−0.175	0.795**

由土壤总有机碳与各金属氧化物的相关系数表（表 4-15）可知，不同林龄阶段的兴安落叶松林土壤总有机碳与 Na_2O、MgO、Al_2O_3、K_2O 均呈显著负相关关系或极显著负相关关系，与 CaO 均呈极显著正相关关系（除幼龄林外），与 Fe_2O_3 均无显著相关性。

表 4-15　不同林龄兴安落叶松林土壤总有机碳与各金属氧化物间的相关系数

林龄	Na_2O	MgO	Al_2O_3	K_2O	CaO	Fe_2O_3
幼龄林	−0.662**	−0.612*	−0.826**	−0.570*	0.226	−0.479
中龄林	−0.856**	−0.755**	−0.716**	−0.567**	0.607**	−0.406
近熟林	−0.638**	−0.408*	−0.415*	−0.524**	0.699**	−0.003
成过熟林	−0.821**	−0.806**	−0.831**	−0.609**	0.929**	−0.046

4.3.3.2　土壤总有机碳与各理化指标的通径分析

为了进一步明确兴安落叶松林不同林龄阶段各理化指标对土壤总有机碳含量的影响，本书利用通径分析法来筛选对兴安落叶松林土壤总有机碳有显著影响的理化指标，并建立土壤总有机碳和土壤理化指标间的回归方程，以分析各理化指标对土壤总有机碳的直接和间接影响。

首先，对土壤总有机碳含量进行正态检验。K-S 检验结果显示，幼龄林、中龄林、近熟林和成过熟林的土壤总有机碳统计量 sig.值均小于 0.05，不服从正态分布，需要进行数据转换，本书采用了自然对数转换，转换后的数据均满足正态要求。然后，对自变量进行共线性检验，本书采用相关系数法计算了各自变量之间的相关系数，并将自变量中相关系数超过 0.7 的自变量去除，剩余变量用于多元回归分析。

以各林龄阶段的土壤总有机碳含量为因变量 Y，测幼龄林、中龄林、近熟林、成过熟林阶段的土壤总有机碳含量分别为 Y_1、Y_2、Y_3、Y_4，以各理化指标为自变量 X，则含水量、容重、pH、铵态氮、速效钾、有效磷、无机磷、有机磷、Na_2O、MgO、Al_2O_3、K_2O、CaO、Fe_2O_3 分别为 $X_1 \sim X_{14}$，对其逐步进行线性回归，得到表 4-16 所示的线性回归方程。

表 4-16　不同林龄兴安落叶松林土壤总有机碳的回归方程

林龄	回归方程	标准化回归系数	R^2	影响指标排序
幼龄林	$\ln Y_1 = 7.296 - 0.997X_3 + 0.068X_4$	$B_{x3} = -0.710$ $B_{x4} = 0.558$	0.975	pH>NH_4^+-N
中龄林	$\ln Y_2 = 6.754 - 1.866X_9$	$B_{x9} = 0.842$	0.708	Na_2O
近熟林	$\ln Y_3 = 1.194 + 0.042X_1 + 0.03X_8$	$B_{x1} = 0.636$， $B_{x8} = 0.380$	0.784	含水量>有机磷
成过熟林	$\ln Y_4 = 9.635 + 1.362\,X_{13} - 0.325X_{14} - 0.444X_{11}$	$B_{x13} = 0.758$， $B_{x14} = -0.315$， $B_{x11} = -0.220$	0.995	CaO>Fe_2O_3>Al_2O_3

通过回归分析，自变量被逐步引入回归方程，回归方程的相关系数 R 和决定系数 R^2 在逐渐增大，说明引入的自变量对土壤总有机碳的作用在增加。每个自变量的显著水平值均小于 0.01，回归关系极显著，即所筛选出的理化指标可以控制不同林龄阶段兴安落叶松林土壤总有机碳的大部分变异，且对兴安落叶松林土壤总有机碳含量有显著影响。显著性水平等于 0.05 时，回归估计精度达到 70.8%～99.5%。因此，回归方程可反映不同林龄兴安落叶松林土壤总有机碳与各理化指标间的关系。

通过比较标准化回归系数发现，影响不同林龄阶段兴安落叶松林土壤总有机碳含量的主导指标不同。幼龄林筛选出的指标为 pH 和铵态氮，中龄林筛选出的指标为 Na_2O，近熟林筛选出的指标为土壤含水量和有机磷，成过熟林筛选出的指标为 CaO、Fe_2O_3 和 Al_2O_3。由此可知，随着兴安落叶松林的生长，促进土壤总有机碳含量增加的因素由土壤养分转向金属氧化物。

通径分析结果（图4-9）显示，在幼龄林阶段，pH和铵态氮的直接通径系数分别为–0.710和0.558，说明pH对土壤总有机碳起直接负效应，铵态氮对土壤总有机碳起直接正效应；pH和铵态氮的间接通径系数分别为–0.112和0.142，说明铵态氮通过pH对总有机碳的间接作用较大。中龄林阶段，由于只有Na_2O对土壤总有机碳起直接正效应，可促进土壤总有机碳含量的增加，所以未绘图。在近熟林阶段，土壤含水量和有机磷的直接通径系数分别为0.636和0.380，说明土壤含水量对土壤总有机碳起的直接正效应最大；土壤含水量和有机磷的间接通径系数分别为0.185和0.309，说明有机磷通过含水量对总有机碳的间接作用较大。在成过熟林阶段，CaO、Fe_2O_3和Al_2O_3的直接通径系数分别为0.758、–0.315和–0.220，说明CaO对土壤总有机碳起直接正效应，而Fe_2O_3和Al_2O_3对土壤总有机碳起直接负效应；CaO、Fe_2O_3和Al_2O_3的间接通径系数分别为0.135、–0.514和–0.042，说明Fe_2O_3对土壤总有机碳的间接作用最大。以上分析表明，pH、铵态氮、有机磷、含水量、Na_2O、CaO、Fe_2O_3、Al_2O_3及其共同作用是影响兴安落叶松林整个生长周期土壤总有机碳变化的主导因素，并且影响机制不同。

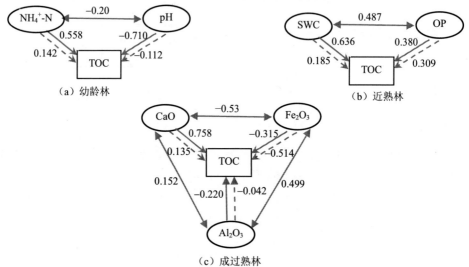

图4-9 各指标对不同林龄阶段兴安落叶松林土壤总有机碳通径系数的影响

注：图中实线单向箭头表示各因子对土壤总有机碳的直接作用，虚线单向箭头表示各因子对土壤总有机碳的间接作用，实线双向箭头表示各因子间的相互作用。

4.4　不同林型兴安落叶松林土壤总有机碳特征

4.4.1　不同林型兴安落叶松林土壤的总有机碳含量

　　各个林型的兴安落叶松林土壤总有机碳含量大小依次为杜香林＞杜鹃林＞草类林；草类林、杜香林和杜鹃林的变异系数分别为1.09、1.25和1.10，变异程度大小依次为杜香林＞杜鹃林＞草类林（表4-17）。方差分析和多重比较发现，3种林型的土壤总有机碳含量之间差异均不显著（$P>0.05$）。

表 4-17　各个林型的兴安落叶松林土壤总有机碳含量

林型	平均值	标准差	变异系数	偏度	峰度
草类林	39.99	43.61	1.09	1.50	1.30
杜香林	64.14	79.93	1.25	1.64	1.84
杜鹃林	63.48	70.05	1.10	1.08	−0.40

4.4.2　不同林型兴安落叶松林土壤总有机碳的剖面特征

　　随着土层深度的增加，各个林型的兴安落叶松林土壤总有机碳含量均呈现出逐渐减少的趋势（图4-10），即0～10 cm土层的土壤总有机碳含量最高，草类林、杜香林、杜鹃林3种林型的土壤总有机碳含量分别为107.71 g/kg、180.58 g/kg和165.28 g/kg，分别是10～20 cm、20～40 cm和40～60 cm土层的3.64倍、4.58倍、6.0倍，7.05倍、13.55倍、8.65倍和9.33倍、15.84倍、8.42倍。3种林型表层土壤（0～10 cm）的总有机碳含量均显著大于其他各土层（$P<0.01$）；而其他各土层间的差异均不显著（$P>0.05$）。各土层、各林型的土壤总有机碳含量存在一定差异：0～10 cm土层，杜香林＞杜鹃林＞草类林；10～20 cm土层，杜香林＞草类林＞杜鹃林；20～40 cm和40～60 cm土层，均为杜鹃林＞草类林＞杜香林；这表明杜香林的土壤总有机碳在垂向剖面上下降速率较高。0～10 cm土层，草类林与杜香林间差异极显著（$P<0.01$），与杜鹃林间差异显著（$P<0.05$），杜香林与

杜鹃林间差异不显著（$P>0.05$）；其他各土层，各林型间的差异均不显著（$P>$ 0.05）。随着土层深度的增加，各林型间的差异逐渐减小。

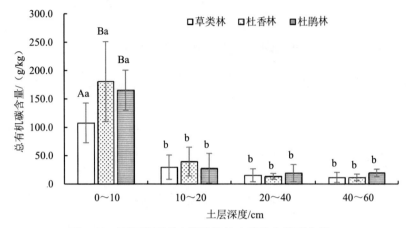

图 4-10　不同林型兴安落叶松林土壤总有机碳含量

　　通过对比兴安落叶松林不同林型各土层深度土壤总有机碳含量的变异系数，以及分析不同林型土壤总有机碳剖面分布的异质性（表 4-18）可知，杜鹃林在 0～10 cm 土层的变异系数最小，为 0.21；在 10～20 cm 土层的变异系数最大，为 0.95。同一林型，不同土层深度，兴安落叶松林土壤总有机碳含量呈现出不同的变异特征，即草类林的变异系数随土层深度增加而增大，杜香林和杜鹃林的变异系数随土层深度的增加先增加后减小。其中，杜鹃林的变动幅度最大，范围在 0.21～0.95，杜香林的变动幅度最小，范围在 0.39～0.65。同一土层深度，不同林型兴安落叶松林土壤的总有机碳含量也呈现出明显的变异特征，即 0～10 cm 和 40～60 cm 土层，杜鹃林的变异系数最小，分别为 0.21 和 0.33；10～20 cm 和 20～40 cm 土层，杜香林的变异系数最小，分别为 0.65 和 0.37；0～10 cm 土层，各林型的变异系数差异最小。

表 4-18　不同林型兴安落叶松林土壤剖面总有机碳变异系数

土层深度	草类林	杜香林	杜鹃林
0～10 cm	0.33	0.39	0.21
10～20 cm	0.72	0.65	0.95
20～40 cm	0.74	0.37	0.79
40～60 cm	0.77	0.53	0.33

4.4.3　不同林型兴安落叶松林土壤总有机碳与土壤理化指标间的关系

4.4.3.1　土壤总有机碳与土壤各理化指标间的相关性分析

从相关系数表（表 4-19、表 4-20）可以看出，3 种林型的土壤总有机碳与土壤含水量、铵态氮、速效钾和有机磷均呈极显著或显著的正相关关系，而与 pH 均呈极显著负相关关系。从与金属氧化物的关系来看，3 种林型与 Na_2O、MgO、Al_2O_3 和 K_2O 均呈极显著负相关关系，而与 Fe_2O_3 均呈不显著负相关关系。其他土壤理化指标与土壤总有机碳的相关性则随着兴安落叶松林林型的不同表现出不同的规律。

表 4-19　不同林型兴安落叶松林土壤总有机碳与土壤各理化指标间的相关系数

林型	土壤含水量	土壤容重	pH	铵态氮	速效钾	有效磷	无机磷	有机磷
草类林	0.749**	−0.691**	−0.541**	0.339*	0.422**	−0.05	0.265	0.766**
杜香林	0.859**	−0.539*	−0.590**	0.390*	0.614**	−0.098	−0.082	0.923**
杜鹃林	0.902**	−0.302	−0.618**	0.466*	0.406*	0.501*	−0.274	0.829**

表 4-20　不同林型兴安落叶松林土壤总有机碳与各金属氧化物间的相关系数

林型	Na_2O	MgO	Al_2O_3	K_2O	CaO	Fe_2O_3
草类林	−0.792**	−0.662**	−0.556**	−0.575**	0.819**	−0.036
杜香林	−0.728**	−0.529**	−0.520**	−0.580**	0.299	−0.162
杜鹃林	−0.702**	−0.715**	−0.825**	−0.524**	0.791**	−0.314

4.4.3.2　土壤总有机碳与各理化指标的回归分析

采用逐步回归分析法和比较标准化回归系数，筛选出影响各林型土壤总有机碳含量的主导指标。当自变量的显著性水平小于 0.01 时，回归关系极显著，即所筛选出的理化指标可以控制不同林型兴安落叶松林土壤总有机碳的大部分变异，且对兴安落叶松林土壤总有机碳含量有极显著的影响。当显著性水平等于 0.05 时，回归估计精度达到 81.0%～92.3%（R^2 值），回归方程可反映不同林型兴安落叶松林土壤总有机碳与各理化指标的关系。

研究发现（表 4-21），林型不同，则主导指标不同，其中，草类林筛选出的指标为 Na_2O、有效磷和 Fe_2O_3，杜香林筛选出的指标为有机磷、CaO 和 pH，杜鹃林筛选出的指标为 Fe_2O_3。由此可知，Fe_2O_3 是草类林和杜鹃林土壤总有机碳的共同限制指标。土壤有机碳的分解与转化主要受外源有机物的化学组成、土壤水分条件、温度、质地和土壤 pH 等因素的影响。土壤 pH 直接影响土壤微生物的种类、数量和活性，在酸性土壤中，微生物的种类受到限制，以真菌为主，会降低土壤有机质的分解速率。研究得到的 3 种林型兴安落叶松林土壤总有机碳的线性回归方程见表 4-21。

表 4-21　不同林型兴安落叶松林土壤总有机碳的回归方程

林型	回归方程	R^2
草类林	$TOC_1 = EXP$（$9.209 - 1.087Na_2O - 0.101AP - 0.477Fe_2O_3$）	0.868
杜香林	$TOC_2 = EXP$（$3.104 + 0.004OP + 1.358CaO - 0.503pH$）	0.923
杜鹃林	$TOC_3 = EXP$（$6.730 - 0.660 Fe_2O_3$）	0.810

研究显示，不同林型的方差分析显著性值 sig. 均小于 0.05，表明土壤总有机碳含量随各自变量的变化而增加的线性关系显著。

通过比较 3 个公式的 R^2 值发现，与草类林和杜鹃林相比，多元回归方程可以更好地描述杜香林的土壤总有机碳与理化指标间的关系。草类林、杜香林和杜鹃林土壤的 VIF 因子在 1.0～1.5 变化，表明所选土壤性质间不存在多重共线性。将测定的土壤总有机碳与多元回归预测的土壤总有机碳进行比较，结果显示，具有较高总有机碳含量的表层土壤（0～10 cm）拟合效果不佳，预测值偏低，其他各层的预测线与实测线较接近，表明除表层外的土壤总有机碳预测值与实测值间具有良好的拟合性（图 4-11），同时，与草类林、杜香林相比，杜鹃林的模型拟合效果较差。

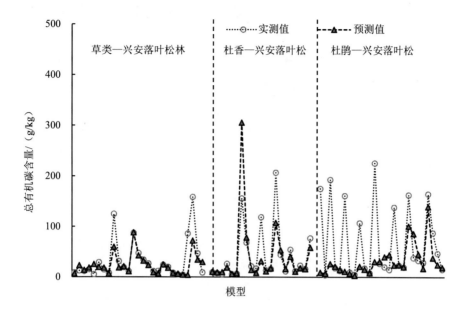

图 4-11　不同林型兴安落叶松林土壤总有机碳拟合效果

4.5　讨论与小结

4.5.1　讨论

　　土壤总有机碳含量主要取决于植被的归还量和分解速率间的平衡关系，并受到土壤母质与自然成土因素的制约（管利民等，2012）。植被凋落物及死亡根系等进入土壤的有机质数量决定了土壤有机质的年形成量，土壤所处的母质、地形、成土时间、气候及植被决定了土壤有机质的年分解量（林而达等，2005）。土壤有机碳会影响土壤肥力和植被的生长，还会通过动态变化影响土壤生态系统的碳收支平衡，进而间接影响陆地碳库储量。

　　土壤有机碳是陆地生态系统的重要碳库，对气候变化背景下的 CO_2 浓度变化具有重要影响。有众多学者对不同地区的森林土壤总有机碳含量进行了研究（王春燕等，2016；邢维奋等，2017；李斌等，2015；黄从德等，2009；蔡会德等，

2014；宋满珍等，2010）；通过与他们的研究结果对比发现，兴安落叶松林土壤总有机碳含量处于较高水平。一方面，高纬度地区气温较低，微生物活性受到抑制，限制了有机质的矿化，从而造成有机碳的长期积累（王春燕等，2016）。另一方面，不同地区的植被类型不同，造成了枯落物层和土壤层输入的有机质在类型、数量和化学特性等方面的差异，在一定程度上影响了新输入有机质的分解速率（Yano et al.，2005）。针叶林含有更多难以分解的物质（如木质素和纤维素），木质素含量高，而可溶性糖类含量低（Hobbie，1996），使其难以分解而有利于土壤有机碳的积累（De Deyn et al.，2008；王春燕等，2016）。同时，研究区的地面枯枝落叶层厚，土层浅，根系生物量大，年积累的腐殖质较多，因而其有机碳含量也会高于其他地区的落叶松林。

4.5.1.1　土壤总有机碳的空间变化特征

森林土壤是一个复杂的系统，其有机碳的变化与气候、土壤母质、植被类型、凋落物分解及人类活动等生物、地球化学过程密切相关。因此，森林土壤有机碳在空间分布格局上存在着较强的不均匀性和差异性（魏文俊等，2014）。地统计学分析显示，大兴安岭林区表层土壤（0～20 cm）的总有机碳含量存在一定空间差异但无明显趋势，呈斑块状分布特征。总有机碳块金值较小，仅为 0.000 1，表明在本研究的采样尺度范围内，由采样误差和随机因素等引起的变异较小，采样密度能够充分揭示大兴安岭林区土壤总有机碳的空间结构（李双异等，2006；宋敏等，2017）。大兴安岭林区表层土壤总有机碳半方差函数的块基比为 0.034%，表现为高等强度的空间自相关性，说明人类活动等随机因素对大兴安岭林区土壤总有机碳的影响很微弱，但气候、植被、土壤等结构性因素对土壤总有机碳的空间变异起主导作用。人类活动主要通过改变土壤形成和发育的环境来影响土壤和植被的形成、发育方向，土地利用变化是人类活动对生态环境最综合的表现（宋敏等，2017）。

大尺度采样较适合趋势值拟合（宋敏等，2017；巫振富等，2013），但无法在小尺度上揭示空间变异细节，因此本书后面的章节将对兴安落叶松不同林龄、不同林型下的土壤总有机碳进行研究，从而更准确地揭示区域土壤总有机碳的分布规律。

4.5.1.2 土壤总有机碳的剖面特征

土层深度对土壤总有机碳含量具有显著影响。几乎所有关于土壤总有机碳剖面特征的研究（谢涛，2012；郭挺，2014；曹小玉和李际平，2014；王心怡等，2019）都得到了土壤总有机碳含量随土层深度的增加而逐渐减少的结论，本书也不例外。兴安落叶松是大兴安岭北部原始林区的主要树种，也是我国寒温带地区的优势树种。本研究显示，兴安落叶松林土壤（0～60 cm）总有机碳的平均含量为 53.35 g/kg，并且随土层深度增加土壤总有机碳含量逐渐降低，即表层土壤（0～10 cm）的总有机碳含量（142.18 g/kg）显著高于其他土层（$P < 0.01$），富集系数为 2.56，平均贡献率达 71.83%，表聚效应明显。这与管利民等（2012）对海南西部橡胶人工林土壤总有机碳的研究结果基本一致。

在森林生态系统中，地表枯落物是土壤有机质的主要来源（赵栋等，2018），其在自然环境中的分解转化与微生物间的相互作用均会对森林土壤有机碳产生重要影响（Quideau et al.，2001；苗娟等，2014；林维和崔晓阳，2017）。因为植物叶片凋落后主要集中于土壤表层，研究区土层又较薄，兴安落叶松的根系在土层中平铺式伸展，分布较浅，所以死亡根系及其分泌物的补充也主要发生在表层，最终导致土壤有机碳在表层富集。地表枯落物和植物根系分解形成的有机质会经表层进入更深的土层中，所以土壤总有机碳呈现由表层向下逐渐递减的变化规律。研究区地处寒温带，气温低，土壤微生物活性和土壤动物活跃度受限，地表枯落物分解转化速率慢，土壤生物带入深层土壤的有机碳含量和深度有限（林维和崔晓阳，2017；Xie et al.，2004）。土壤有机碳的来源主要依靠死亡根系及其分泌物（管利民等，2012），随着土层深度增加，土壤容重增加，养分降低，根系减少，土壤有机碳含量逐渐下降，有机碳富集能力也随之减弱；同时，随着土层深度增加，土壤有机碳受表层植被、气候、人类活动的影响逐渐减弱，更多地依赖土壤母质环境，所以富集系数的变异系数逐渐降低，在土壤底层（40～60 cm）达到最低值，样点间差异最小。与深层土壤相比，表层土壤对气候变化、植被覆盖状况和人为干扰等外界因素的影响更敏感，受到影响后，表层土壤的变化更剧烈，而深层土壤则比较稳定（魏文俊等，2014）。由此可知，在森林经营过程中要尽量保护林下植被和保留地表枯落物，以提高森林的有机碳储量。

4.5.1.3 土壤总有机碳的影响因素分析

土壤有机碳含量受植被类型、年龄、根系分布、凋落物分解程度、土壤理化指标等因素的影响。

（1）林型

林型会对兴安落叶松林土壤总有机碳含量产生一定的影响。本研究结果与李金博等（2015）对黑龙江大兴安岭地区兴安落叶松林的研究结果一致，不同林型兴安落叶松林土壤的总有机碳含量依次为杜香林（64.14 g/kg）＞杜鹃林（63.48 g/kg）＞草类林（39.99 g/kg），3 种林型间差异均不显著（$P>0.05$）。随着土层加深，各林型兴安落叶松林土壤的总有机碳含量均呈现逐渐减少的趋势，表层土壤（0～10 cm）的总有机碳含量显著高于其他各土层，且各林型间的差异也在减小。在各土层深度，3 种林型的土壤总有机碳含量大小规律并不一致，只有在表层时，杜香林和杜鹃林的土壤总有机碳含量显著高于草类林，其他各土层，3 种林型间均无显著差异。回归分析显示，各林型下影响土壤总有机碳含量的主导因素各不相同。林型间土壤总有机碳特征的差异表明，林下植被既是该区域土壤总有机碳的主要来源，也是影响土壤总有机碳含量的重要因素。森林土壤有机碳主要来源于枯枝落叶，其林下植被不同，枯落物的类型和数量也会有所不同（渠开跃等，2009；贾树海等，2017；宋敏等，2017；吕文强等，2016），从而导致了各林型间土壤总有机碳含量的差异。随着土层深度的增加，地表植被的影响逐渐减弱，而土壤母质又大致相同，所以底层土壤的总有机碳含量差异较小。研究区杜香群落发展稳定，植被盖度大，土壤环境得到改善，较适宜微生物活动，同时地表凋落物多，增加了土壤有机质的输入量（李金博等，2015），所以杜香落叶松林的土壤总有机碳含量最高。兴安杜鹃与杜香同属杜鹃花科灌木，但杜鹃落叶松叶片近革质，不易于分解，所以其总有机碳含量略低于杜香落叶松林。草类林土壤总有机碳的平均含量最小，这是由于草类林植被盖度小，低地植物稀疏，而且草类林主要生长在坡地，土层较浅，落叶松林根系固定能力较弱，经过长时间的自然更新后林木密度较小，所以有机碳的输入量最少（李金博等，2015）。

（2）林龄

林龄既会对兴安落叶松林土壤总有机碳含量产生一定的影响，又是影响土壤总有机碳积累的重要因素（魏亚伟等，2013）。研究结果显示，兴安落叶松林土壤的总有机碳含量随着林龄的增加呈现先降低后增加的"V"字形特征，即土壤总有机碳含量在幼龄林时较高，然后逐渐降低，到近熟林时达到最低，后又升高，这与前人的一些研究结果基本一致（郭挺，2014；曹小玉等，2014）。研究还发现，不同林龄阶段的兴安落叶松林土壤总有机碳均呈现随土层深度增加而减少的剖面分布特征，且表层显著高于其他土层，呈现明显的表层聚集性。

土壤有机碳的林龄特征研究多集中于人工林方面，特别是杉木林（盛炜彤等，2003；王丹等，2009；张剑等，2010；曹小玉等，2014）。通常有两种结论：一是随林龄增加，土壤有机碳逐渐增加；二是随林龄增加，土壤有机碳先减少后增加，这可能与研究区的自然条件、林分类型等不同有关。土壤有机碳一直处于不断分解与合成的动态平衡过程中。不同林龄阶段，林下植被盖度、林分密度及郁闭度不同都会造成土壤有机碳的差异（焦如珍和林承栋，1997）。上一代成熟林枯落物归还土壤及幼龄林生长消耗较少等原因，可能是导致幼龄林土壤有机碳含量较高的重要因素。随着林龄的增加，中龄林和近熟林阶段林木生长迅速，植物根系从土壤中吸收了大量的有机质用于自身生长，从而导致土壤有机碳的消耗大于积累，含量降低（赵伟红等，2015）。成过熟林阶段，首先，林下生态系统逐渐完善，凋落物的分解速率加快，土壤有机碳的输入量随之增加，有机碳逐渐累积，因而土壤有机碳含量又恢复到较高水平；其次，成熟林郁闭度提高，林冠对降雨的截留能力加强，减少了随降雨流失的有机碳含量（王心怡等，2019）；同时，随着林龄的增加，凋落物、微生物、活性酶及养分的增加也会导致土壤有机碳含量增加。

（3）土壤理化指标

土壤的 pH、温度、含水量等因素通过影响枯枝落叶的分解速率对土壤有机碳产生影响（赵栋等，2018）。

①土壤物理指标

兴安落叶松林土壤总有机碳与土壤物理指标的相关性分析表明，土壤总有机碳含量分别与土壤含水量、容重呈显著正相关和负相关关系。即土壤总有机碳含量随土壤容重的增大、土壤含水量的降低而减少。这与许多学者对于不同地区森林土壤有机碳的研究结果一致（渠开跃等，2009；马姜明等，2013；曹小玉和李际平，2014；崔楠等，2015；邓艳林等，2017；张慧东等，2017）。土壤容重是影响土壤有机碳剖面分布的重要物理指标之一，其直接影响土壤通气性和孔隙度、根系穿透阻力及根系的生长和发育。随着土壤容重的增大，土壤孔隙度变小，通气性变差，从而不利于根系生长发育，会抑制土壤生物活性，导致土壤有机碳含量下降。因此，在森林经营中，可通过改善土壤物理性状，如降低土壤容重，使水分等营养物质能够顺利向下输送，植物根系数量增加，土壤透气性及微生物活性增强，增加土壤有机碳含量，提高森林土壤固碳作用（邓艳林等，2017）。

②土壤化学指标

研究区为弱酸性土壤，兴安落叶松林土壤总有机碳与 pH 呈极显著负相关关系，即土壤总有机碳含量随 pH 的增加而减少，这与很多学者的研究结果一致（祖元刚等，2011；魏文俊等，2014；张慧东等，2017；冯锦等，2017）。土壤 pH 通过影响土壤微生物的种类和活性影响土壤对碳的固定和累积，在酸性土壤中，微生物种类受到限制而以真菌为主，从而减慢了有机物质的分解（洪雪姣，2012）。同时，由于较低的 pH 会促进凋落物的分解，减少凋落物存量，也会导致土壤微生物活性下降，土壤有机碳分解速率降低，因此，土壤有机碳含量高。

兴安落叶松林土壤总有机碳与铵态氮、速效钾、总磷、有机磷含量呈显著正相关关系，这与大多数学者的研究结果（祖元刚等，2011；冯锦等，2017；张慧东等，2017；祁金虎，2017）基本一致。氮、磷、钾是植物生长所必需的营养元素，与土壤有机碳之间关系密切。土壤有机碳的分解可促使氮、磷、钾元素向土壤中释放，同时土壤中氮、磷、钾的增加也可促进土壤有机碳的积累。兴安落叶松林土壤总有机碳除与 CaO 呈正相关关系外，与其他金属氧化物均呈显著负相关关系，表明各金属氧化物与土壤总有机碳存在较强的关联性。

4.5.2 小结

（1）大兴安岭林区表层土壤（0～20 cm）总有机碳含量的均值为 48.60 g/kg，变异系数为 0.56，属于中等程度变异。土壤总有机碳含量呈现一定的空间差异，高值主要出现在林区中部；与铵态氮、有机磷、速效钾均呈显著正相关关系。

（2）兴安落叶松林土壤总有机碳含量的均值为 53.35 g/kg，且随着土层深度的增加呈幂函数方式下降。表层土壤（0～10 cm）的总有机碳平均贡献率为 71.83%，表现为明显的表聚性。土壤总有机碳含量与土壤含水量、铵态氮、速效钾、总磷、有机磷均呈极显著正相关关系（$P<0.01$），与土壤容重和 pH 呈极显著负相关关系（$P<0.01$），而与有效磷和无机磷的相关性不显著（$P>0.05$）。土壤总有机碳除与 CaO 呈正相关关系外，与其他金属氧化物均呈显著负相关关系。

（3）在兴安落叶松林生长过程中，土壤总有机碳含量呈先减小后增加的"V"字形变化特征，不同林龄阶段的含量大小依次为幼龄林（64.49 g/kg）＞成过熟林（55.34 g/kg）＞中龄林（53.22 g/kg）＞近熟林（46.81 g/kg）。不同林龄阶段，各土壤理化指标对土壤总有机碳的影响存在差异。

（4）各林型兴安落叶松林的土壤总有机碳含量大小依次为杜香林（64.14 g/kg）＞杜鹃林（63.48 g/kg）＞草类林（39.99 g/kg）。在 0～10 cm 土层，草类林显著小于杜香林和杜鹃林；随土层深度增加，各林型间差异减小。林型不同，影响土壤总有机碳含量的主导指标不同。

5 大兴安岭林区土壤团聚体碳特征

5.1 大兴安岭林区土壤团聚体碳的空间变异特征

5.1.1 土壤团聚体的组成特征

表 5-1 为大兴安岭林区土壤团聚体的组成，由表可知，大兴安岭林区土壤团聚体中，粒径为 0.25～2 mm 的团聚体占比最高，平均占到 46.14%，其次为粒径＜0.053 mm 的团聚体（27.72%），占比最低的是粒径为 0.053～0.25 mm 的团聚体，其平均占比为 26.14%。各粒径团聚体的变异系数介于 0.27～0.38，属于中等程度变异。其中粒径＞0.25 mm 的团聚体是土壤大团聚体，是土壤团粒结构的重要组成部分，其含量越高，土壤结构稳定性越好（任镇江等，2011）；而粒径＜0.25 mm 的团聚体为土壤微团聚体，是构成大团聚体的基础，在很大程度上决定了土壤团聚体的数量，其含量和分布对土壤理化指标有重要影响。从均值来看，总体上土壤大团聚体的占比小于微团聚体。

表 5-1　大兴安岭林区土壤团聚体的组成

粒径/mm	最小值/%	最大值/%	平均值/%	标准差	变异系数
0.25～2	15.32	80.04	46.14	12.55	0.27
0.053～0.25	8.57	51.24	26.14	9.85	0.38
＜0.053	7.02	51.47	27.72	10.13	0.37

5.1.2　土壤团聚体的稳定性特征

土壤团聚体的稳定性尤其是水稳性是反映土壤结构的重要指标，与土壤的抗侵蚀能力及环境质量有着密切的关系（刘文利等，2014）。团聚体的 MWD、GMD 和 D 是用于评价团聚体稳定性的重要指标。大粒径团聚体组成比例越高，MWD 就越大，土壤团聚体就越稳定（谢贤健和张继，2012）；团粒结构的 D 越小，K 越小，土壤的结构和稳定性就越好，抗蚀能力就越强（苟天雄等，2020）。

本研究中，大兴安岭林区土壤团聚体的 MWD 为 0.57 mm，GMD 为 0.25 mm，D 为 2.65，K 为 0.15（表 5-2）。

表 5-2　大兴安岭林区土壤团聚体的稳定性特征值

指标	最小值	最大值	平均值	标准差	变异系数
MWD/mm	0.259	0.916	0.57	0.13	0.23
GMD/mm	0.104	0.618	0.25	0.11	0.43
D	1.983	2.882	2.65	0.17	0.06
K	0.057	0.255	0.15	0.04	0.30

通过对不同粒径团聚体的稳定性评价指标进行 Pearson 相关关系分析发现（表 5-3），粒径为 0.25~2 mm 的团聚体与其他两种粒径的团聚体含量均呈极显著负相关关系（$P<0.01$），粒径为 0.053~0.25 mm 的团聚体与粒径<0.053 mm 的团聚体也呈负相关关系，但不显著（$P>0.05$）。粒径为 0.25~2 mm 的团聚体含量与 MWD 和 GMD 均呈极显著正相关关系（$P<0.01$），与 K 呈极显著负相关关系（$P<0.01$）；粒径为 0.053~0.25 mm 的团聚体含量与 MWD、GMD 和 D 均呈显著（$P<0.05$）或极显著（$P<0.01$）负相关关系，与 K 呈显著正相关关系（$P<0.05$）；粒径<0.053 mm 的团聚体含量与 MWD 和 GMD 均呈极显著负相关关系（$P<0.01$），与 D 和 K 均呈极显著正相关关系（$P<0.01$）。同时，团聚体的稳定性指标之间也存在一定相关性，如 MWD 与 GMD 呈极显著正相关关系（$P<0.01$），MWD 和 GMD 又与 D 和 K 分别呈负相关关系，与 K 呈极显著负相关关系（$P<0.01$），GMD 与 D 呈显著负相关关系（$P<0.05$），但 MWD 与 D 间的相关关系不显著（$P>0.05$）。

表 5-3　土壤团聚体稳定性特征值间的相关关系

指标	0.25～2 mm	0.053～0.25 mm	<0.053 mm	MWD	GMD	D	K
0.25～2 mm	1	−0.614**	−0.641**	0.997**	0.927**	−0.012	−0.920**
0.053～0.25 mm	−0.614**	1	−0.212	−0.554**	−0.342*	−0.739**	0.273*
<0.053 mm	−0.641**	−0.212	1	−0.697**	−0.815**	0.733**	0.874**
MWD	0.997**	−0.554**	−0.697**	1	0.946**	−0.082	−0.945**
GMD	0.927**	−0.342*	−0.815**	0.946**	1	−0.291*	−0.929**
D	−0.012	−0.739**	0.733**	−0.082	−0.291*	1	0.355**
K	−0.920**	0.273*	0.874**	−0.945**	−0.929**	0.355**	1

5.1.3　土壤团聚体有机碳的分配特征

土壤腐殖质是土壤团聚体的主要胶结剂，同时也是土壤有机质保存的重要场所，对土壤的肥力和结构特征，尤其是提高土壤团聚体稳定性方面具有重要的意义（苟天雄等，2020）。由表 5-4 和表 5-5 可以看出，有机碳含量主要集中在 0.25～2 mm 粒径的大团聚体中，含量平均值为 19.84 g/kg，贡献率平均值为 50.39%；有机碳含量的大小顺序与团聚体质量占比顺序一致，粒径为 0.053～2 mm 的团聚体中有机碳含量最低，约为 7.29 g/kg，贡献率为 18.33%。

表 5-4　大兴安岭林区土壤团聚体的有机碳含量

粒径/mm	最小值/（g/kg）	最大值/（g/kg）	平均值/（g/kg）	标准差	变异系数
0.25～2	1.98	63.63	19.84	14.12	0.71
0.053～0.25	1.23	44.76	7.29	7.19	0.99
<0.053	2.50	22.19	10.00	4.62	0.46

表 5-5　大兴安岭林区土壤团聚体的有机碳贡献率

粒径/mm	最小值/%	最大值/%	平均值/%	标准差	变异系数
0.25～2	21.33	80.05	50.39	13.68	0.27
0.053～0.25	8.86	37.76	18.33	6.16	0.34
<0.053	8.54	64.10	31.28	12.85	0.41

5.1.4 土壤团聚体的稳定性与土壤有机碳及团聚体碳的关系

土壤有机碳是土壤团聚体形成和稳定的重要因素，而固定有机碳的主要途径之一就是土壤不同粒径颗粒的胶结团聚（窦森等，2011）。由表 5-6 可知，MWD、GMD 与土壤有机碳含量呈极显著正相关关系，R、K 与土壤有机碳含量呈显著负相关关系。即土壤有机碳含量越高，土壤团聚体的 MWD、GMD 就越大，D、K 就越小，从而土壤的结构和稳定性就越好，抗蚀能力就越强。

表 5-6　相关关系

指标	0.25～2 mm	0.053～0.25 mm	<0.053 mm	TOC	MWD	GMD	R	K
0.25～2 mm	1	0.749**	0.376**	0.928**	0.355*	0.417**	−0.288*	−0.412**
0.053～0.25 mm	0.749**	1	0.416**	0.711**	0.025	0.122	−0.450**	−0.144
<0.053 mm	0.376**	0.416**	1	0.474**	−0.476**	−0.386**	−0.080	0.404**
TOC	0.928**	0.711**	0.474**	1	0.333*	0.407**	−0.301*	−0.405**

不同粒径团聚体的有机碳含量与土壤团聚体稳定性指标间的相关关系存在一定差异（表 5-6）。0.25～2 mm 粒径团聚体的有机碳与其 4 个稳定性指标均呈显著关系，其中与 MWD 和 GMD 分别呈显著（$P<0.05$）和极显著（$P<0.01$）正相关关系，而与 D 和 K 分别呈显著（$P<0.05$）和极显著（$P<0.01$）负相关关系；0.053～0.25 mm 粒径团聚体的有机碳仅与 R 呈极显著负相关关系；<0.053 mm 粒径团聚体的有机碳与 MWD 和 GMD 均呈极显著（$P<0.01$）负相关关系，而与 K 呈极显著正相关关系（$P<0.05$）。

由土壤总有机碳与不同粒径团聚体有机碳间的相关性可知，土壤总有机碳与 3 个粒径土壤团聚体的有机碳两两间呈极显著正相关关系（$P<0.01$）。土壤总有机碳与 0.25～2 mm 粒径团聚体有机碳间的相关程度最高（$R=0.928$），随着粒径的减小，土壤总有机碳与团聚体有机碳间的相关程度逐渐降低；不同粒径团聚体的有机碳之间，0.25～2 mm 粒径团聚体有机碳与 0.053～0.25 mm 粒径团聚体有机碳间的相关系数最大（$R=0.749$）。以上分析表明，各粒径土壤团聚体的有机碳含量与土壤总有机碳含量密切相关，并且土壤总有机碳对团聚体的有机碳在各粒径间的分布有重要影响。

5.1.5　土壤团聚体碳的空间特征

地统计学分析要求样本数据满足正态分布。经 K-S 检验，各个粒径团聚体数据均服从正态分布，能满足地统计学分析要求，可用于半方差函数模型的拟合。通过对比决定系数和残差值，选出最优的半方差理论模型（表 5-7）。由表 5-7 可知，不同指标的最优模型不同，0.25～2 mm 粒径团聚体和＜0.053 mm 粒径团聚体的最优模型为指数模型，而 0.053～0.25 mm 粒径团聚体的最优模型为球面模型。因此，需要采用不同模型对大兴安岭林区表层土壤（0～20 cm）各粒径团聚体的空间变异规律进行分析。图 5-1 所示为各粒径土壤团聚体的半方差函数曲线，横坐标为分割距离，纵坐标为半方差。由图 5-1 可知，各粒径土壤团聚体的半方差函数曲线不尽相同，其中 0.25～2 mm 粒径和 0.053～0.25 mm 粒径团聚体的半方差函数曲线均呈现先上升后趋于平缓的特征，＜0.053 mm 粒径团聚体的半方差随分割距离的增加一直上升；随着团聚体粒径的减小，半方差的上升区间逐渐增大，平稳区间逐渐缩小。由表 5-7 中的块基比可知，各粒径团聚体均表现为中等强度的空间自相关性。表明各粒径团聚体同时受到气候、植被、土壤等结构性因素和人类活动等随机因素的影响，并且粒径越大，受随机因素的影响越大；粒径越小，受结构性因素的影响越大。

表 5-7　各粒径土壤团聚体的最优模型

指标	理论模型	块金值 C_0	基台值 $C+C_0$	块基比 $C_0/(C+C_0)$	变程 $A/$（°）	决定系数 R^2	残差值 RSS
0.25～2 mm	指数模型	81.3	162.7	50.0%	1.09	0.638	853
0.053～0.25 mm	球面模型	48.2	96.5	49.9%	3.06	0.822	290
＜0.053 mm	指数模型	54.7	133.35	41.0%	7.50	0.652	380

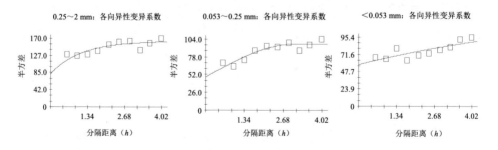

图 5-1　各粒径土壤团聚体的半方差函数

　　根据半方差函数分析结果，利用 Kriging 法对土壤各化学指标数据进行空间插值，以分析大兴安岭林区表层土壤团聚体的空间分布特征（图 5-2）。由图 5-2 可以看出，大兴安岭林区各粒径土壤团聚体的含量存在一定的空间差异，主要表现为 0.25～2 mm 粒径和＜0.053 mm 粒径团聚体的含量由北向南逐渐减少，而 0.053～0.25 mm 粒径团聚体的含量则恰好相反，其中＜0.25 mm 粒径团聚体的地带性特征较明显。

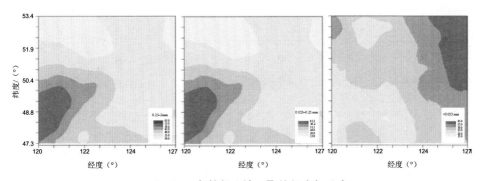

图 5-2　各粒径土壤团聚体的空间分布

　　各粒径土壤团聚体的有机碳 K-S 检验值显示，0.25～2 mm 和 0.053～0.25 mm 粒径团聚体的有机碳 sig.小于 0.05，不满足正态分布要求，在进行半方差函数拟合前需进行数据转换。利用 GS+软件对原始数据进行变换检验，0.25～2 mm 粒径团聚体的有机碳经过平方根转换后，0.053～0.25 mm 粒径团聚体的有机碳经过对数转换后，偏度更小，更符合正态分布要求，具体结果见表 5-8 和图 5-3。

表 5-8　各粒径土壤团聚体有机碳转换前后的偏度和峰度值

粒径/mm	原始数据		平方根转换后		对数转换后	
	偏度	峰度	偏度	峰度	偏度	峰度
0.25～2	1.00	0.37	0.30	−0.59	−0.56	−0.18
0.053～0.25	2.92	9.21	1.69	3.49	0.35	0.29
＜0.053	0.70	0.12	—	—	—	—

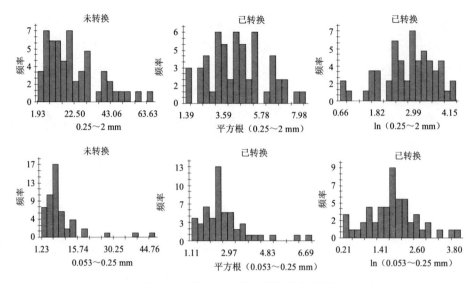

图5-3   各粒径土壤团聚体有机碳转换前后的频率分布

　　基于地统计学分析方法，利用 GS+软件对转换后的各粒径土壤团聚体有机碳进行不同模型和参数的拟合和比较，通过对比决定系数和残差值，选出最优的半方差理论模型，结果见表 5-9。由表 5-9 可知，不同粒径土壤团聚体的最优模型不同，0.25～2 mm 和 0.053～0.25 mm 粒径土壤团聚体有机碳的最优模型均为高斯模型，而＜0.053 mm 粒径土壤团聚体有机碳的最优模型为指数模型。因此，需要采用不同模型对大兴安岭林区各粒径表层土壤（0～20 cm）团聚体有机碳进行空间变异规律分析。由半方差函数曲线（图5-4）可知，各粒径土壤团聚体有机碳的半方差函数曲线特征较一致，均先上升后趋于平缓。由表 5-9 中的块基比可知，各粒径土壤团聚体的有机碳均表现为高强度空间自相关性。表明各粒径土壤团聚体的有机碳均主要受气候、植被、土壤等结构性因素的影响。

表5-9   各粒径土壤团聚体有机碳的最优模型

粒径/mm	理论模型	块金值 C_0	基台值 $C+C_0$	块基比 $C_0/（C+C_0）$	变程 A/（°）	决定系数 R^2	残差值 RSS
0.25～2	高斯模型	0.001	2.54	0.04%	0.52	0.692	2.09
0.053～0.25	高斯模型	0.002	0.586	0.34%	0.52	0.210	0.06
＜0.053	指数模型	0.810	20.50	3.95%	0.41	0.448	18.2

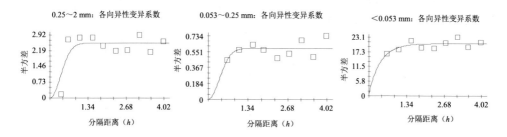

图5-4 各粒径土壤团聚体有机碳的半方差函数

根据半方差函数分析结果，利用 Kriging 法对各粒径土壤团聚体的有机碳数据进行空间插值，以分析大兴安岭林区表层土壤团聚体有机碳的空间分布特征（图5-5）。由图5-5可以看出，大兴安岭林区各粒径土壤团聚体有机碳含量的空间差异并不显著，主要呈斑块状分布。其中，粒径<0.053 mm 团聚体的有机碳含量在北部林区明显低于南部林区。

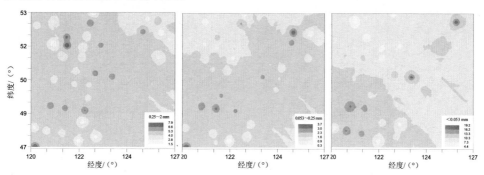

图5-5 各粒径土壤团聚体有机碳的空间分布

5.1.6 土壤团聚体碳的影响因素分析

由表 5-10 可知，土壤团聚体各影响因子均与气温无显著相关关系，表明气温对土壤团聚体的影响不明显。土壤大团聚体（0.25~2 mm）的含量与 TOC 呈显著正相关关系，与 pH 呈极显著负相关关系；粒径为 0.053~0.25 mm 微团聚体的含量仅与降水量呈极显著负相关关系；粒径<0.053 mm 微团聚体的含量与 TOC 呈极显著负相关关系，与 pH 和降水量呈极显著正相关关系，与 OP 呈显著负相关关系。以上结果表明，不同粒径的土壤团聚体与各影响因子间的相关关系存在一定差异。

表 5-10　土壤团聚体各影响因子与土壤理化因子、气候因子间的相关性

指标	TOC	pH	NH_4^+-N	AK	AP	TP	IP	OP	年平均气温	年降水量
0.25~2 mm 粒径土壤团聚体	0.307*	-0.509**	-0.035	-0.101	-0.069	0.117	0.046	0.051	-0.011	0.196
0.053~0.25 mm 粒径土壤团聚体	0.085	0.128	0.183	0.134	-0.076	0.056	-0.260	0.273	0.113	-0.663**
<0.053 mm 粒径土壤团聚体	-0.466**	0.514**	-0.155	-0.016	0.170	-0.201	0.187	-0.318*	-0.096	0.403**
MWD	0.333*	-0.527**	-0.018	-0.093	-0.082	0.128	0.025	0.078	-0.001	0.144
GMD	0.407**	-0.609**	0.040	-0.032	-0.124	0.112	-0.063	0.119	0.041	-0.005
D	-0.301*	0.220	-0.158	-0.159	0.114	-0.093	0.307*	-0.301*	-0.144	0.646**
K	-0.405**	0.532**	-0.050	0.072	0.119	-0.189	0.049	-0.200	-0.033	0.081
0.25~2 mm 粒径土壤团聚体有机碳	0.928**	-0.285	0.455**	0.356*	0.211	0.409**	-0.188	0.518**	-0.124	-0.179
0.053~0.25 mm 粒径土壤团聚体有机碳	0.711**	-0.136	0.249	0.483**	0.145	0.355*	-0.190	0.515**	-0.050	-0.344*
<0.053 mm 粒径土壤团聚体有机碳	0.474**	0.213	0.550**	0.290	0.096	0.360*	-0.192	0.560**	-0.002	-0.239

各稳定性指标与各影响因子间的关系不尽相同。MWD、GMD、D 和 K 均与 TOC 存在显著相关关系，其中，MWD、GMD 与 TOC 呈显著正相关关系，D、K 与 TOC 呈显著负相关关系。MWD、GMD 和 K 均与 pH 呈极显著相关关系，其中，MWD 和 GMD 与 pH 呈极显著负相关关系，K 与 pH 呈极显著正相关关系。D 还与 IP 呈显著正相关关系，与 OP 呈显著负相关关系；同时，降水量可对 D 产生极显著正效应。以上分析表明，气候因子和土壤化学性质对土壤团聚体稳定性的影响机制存在一定差异。

各粒径土壤团聚体的有机碳均与 TOC、TP、OP 呈显著正相关关系；土壤大团聚体（0.25～2 mm）的有机碳含量和粒径＜0.053 mm 微团聚体的有机碳含量均与铵态氮呈极显著正相关关系；土壤大团聚体（0.25～2 mm）的有机碳含量和粒径为 0.053～0.25 mm 微团聚体的有机碳含量均与 AK 呈显著正相关关系；粒径为 0.053～0.25 mm 微团聚体的有机碳含量还与降水量呈显著负相关关系，即随着降水量的减少，粒径为 0.053～0.25 mm 微团聚体的有机碳含量增加。以上结果表明，不同粒径土壤团聚体的有机碳含量与各影响因子间的相关关系存在一定差异，土壤团聚体的有机碳含量对土壤的化学性质存在一定影响。

5.2 兴安落叶松林土壤团聚体碳特征

5.2.1 土壤团聚体碳的总体特征

5.2.1.1 土壤团聚体的组成特征

由表 5-11 可知，兴安落叶松林土壤团聚体中，粒径为 0.25～2 mm 的土壤团聚体占比最高，其平均占比为 43.55%；其次为粒径＜0.053 mm 的土壤团聚体，其平均占比为 37.21%；占比最低的是粒径为 0.053～0.25 mm 的土壤团聚体，其平均占比为 19.24%。总体而言，各粒径土壤团聚体占比的变异系数介于 0.26～0.35，属于中等程度变异。

表 5-11　兴安落叶松林土壤团聚体的组成

粒径/mm	最小值/%	最大值/%	平均值/%	标准差	变异系数
0.25~2	14.08	81.38	43.55	15.46	0.35
0.053~0.25	6.21	34.68	19.24	5.07	0.26
<0.053	10.15	67.39	37.21	12.89	0.35

5.2.1.2　土壤团聚体的稳定性特征

由表 5-12 可知，兴安落叶松林土壤团聚体的 MWD 平均值为 0.53 mm，GMD 平均值为 0.22 mm，D 平均值为 2.78。

表 5-12　兴安落叶松林土壤团聚体的稳定性特征

指标	最小值	最大值	平均值	标准差	变异系数
MWD/mm	0.21	0.93	0.53	0.17	0.31
GMD/mm	0.06	0.65	0.22	0.12	0.55
D	2.45	2.90	2.78	0.07	0.03

由表 5-13 可知，土壤团聚体的稳定性特征值两两间存在极显著相关关系。0.25~2 mm 粒径的土壤团聚体含量与其他两个粒径的土壤团聚体间均呈极显著负相关关系，与粒径<0.053 mm 的土壤团聚体间呈极显著正相关关系。MWD 与 GMD、D 与 K 均呈显著正相关关系，但这两组之间为极显著负相关关系。0.25~2 mm 粒径的土壤团聚体的含量与 MWD、GMD 分别呈极显著正相关关系，与 D、K 分别呈极显著负相关关系；0.053~0.25 mm 和<0.053 mm 粒径的土壤团聚体与 MWD、GMD 均呈极显著负相关关系，与 K 呈极显著正相关关系，与 0.25~2 mm 粒径的土壤团聚体特征相反；0.053~0.25 mm 粒径的土壤团聚体与 D 呈极显著负相关关系，而<0.053 mm 粒径的土壤团聚体与 D 呈极显著正相关关系。

表 5-13　土壤团聚体稳定性特征值间的相关关系

指标	0.25~2 mm	0.053~0.25 mm	<0.053 mm	MWD	GMD	D	K
0.25~2 mm	1	−0.628**	−0.952**	0.999**	0.957**	−0.462**	−0.982**
0.053~0.25 mm	−0.628**	1	0.359**	−0.604**	−0.560**	−0.339**	0.495**
<0.053 mm	−0.952**	0.359**	1	−0.961**	−0.927**	0.687**	0.982**

指标	0.25～2 mm	0.053～0.25 mm	<0.053 mm	MWD	GMD	D	K
MWD	0.999**	−0.604**	−0.961**	1	0.958**	−0.487**	−0.986**
GMD	0.957**	−0.560**	−0.927**	0.958**	1	−0.541**	−0.916**
D	−0.462**	−0.339**	0.687**	−0.487**	−0.541**	1	0.558**
K	−0.982**	0.495**	0.982**	−0.986**	−0.916**	0.558**	1

5.2.1.4　土壤团聚体的有机碳含量

由表 5-14 和表 5-15 可以看出，土壤团聚体的有机碳主要集中在 0.25～2 mm 粒径的大团聚体中，含量平均值为 34.51 g/kg，贡献率平均值为 52.10%左右；土壤团聚体的有机碳含量大小顺序与团聚体质量占比顺序一致，0.053～2 mm 粒径土壤团聚体中有机碳含量最低，平均值约为 6.30 g/kg，贡献率平均值为 16.42%。

表 5-14　兴安落叶松林各粒径土壤团聚体的有机碳含量

粒径/mm	最小值/（g/kg）	最大值/（g/kg）	平均值/（g/kg）	标准差	变异系数
0.25～2	0.91	219.47	34.51	52.29	1.51
0.053～0.25	0.56	55.61	6.30	8.35	1.33
<0.053	1.33	15.54	6.90	3.99	0.58

表 5-15　兴安落叶松林各粒径土壤团聚体的有机碳贡献率

粒径/mm	最小值/%	最大值/%	平均值/%	标准差	变异系数
0.25～2	16.32	90.00	52.10	20.65	0.40
0.053～0.25	4.98	29.83	16.42	5.61	0.34
<0.053	3.53	63.05	31.48	17.28	0.55

5.2.2　土壤团聚体碳的剖面特征

5.2.2.1　土壤团聚体的组成特征

随着土层深度的增加，兴安落叶松林各粒径的土壤团聚体组成均呈现不同的变化特征（图 5-6）。主要表现为 0.25～2 mm 粒径的土壤团聚体组成呈现先减少后增加的趋势，0.053～0.25 mm 粒径的土壤团聚体组成呈现逐渐增加的趋势，

<0.053 mm 粒径的土壤团聚体组成呈现先增加后减少的趋势。在表层土壤，0.25～2 mm 粒径的土壤团聚体含量最高，占 60.62%；随土层深度增加，<0.053 mm 粒径的土壤团聚体含量超过了 0.25～2 mm 粒径的土壤团聚体含量，在 10～20 cm 和 20～40 cm 土层分别占 42.29% 和 42.51%；在 40～60 cm 土层，0.25～2 mm 粒径的土壤团聚体含量最高，占 40.07%。各粒径土壤团聚体在表层土壤（0～10 cm）的含量均显著区别于其他各层，而其他各层间的差异均不显著。

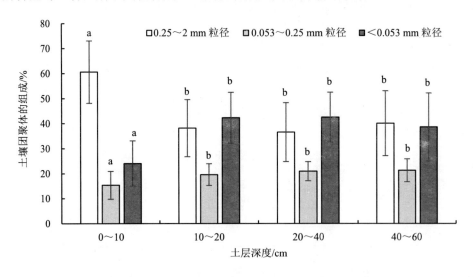

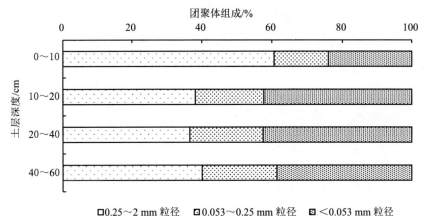

图 5-6 各粒径土壤团聚体含量的剖面特征

5.2.2.2 土壤团聚体的稳定性特征

随着土层深度的增加，土壤团聚体的 MWD 和 GMD 先减小后增加，而 D 随土层变化的规律与 MWD 和 GMD 恰好相反，即随着土层深度的增加，D 先增大后减小（图 5-7）。其中表层土壤（0～10 cm）的 MWD 和 GMD 显著大于其他各层，D 显著小于 10～20 cm 和 20～40 cm 土层，表明土壤团聚体的稳定性在各土层间存在差异。

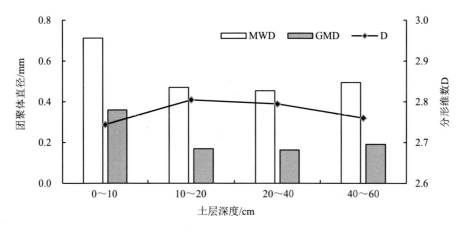

图 5-7   土壤团聚体稳定性指标的剖面特征

5.2.2.3 土壤团聚体的有机碳含量

兴安落叶松林土壤团聚体的有机碳含量呈现明显的垂直分布特征，各粒径土壤团聚体的有机碳含量均随土层深度的增加而逐渐减小（图 5-8）。各粒径土壤团聚体的含量在表层均显著高于其他土层，具有明显的表层聚集效应。同时，在 10～20 cm 土层，<0.053 mm 粒径的土壤团聚体的有机碳含量也高于下面两层。

5.2.2.4 兴安落叶松林土壤团聚体的有机碳贡献率

通过计算不同粒径土壤团聚体的有机碳含量占比，分析兴安落叶松林各粒径土壤团聚体对土壤有机碳的贡献（图 5-9）。由图 5-9 可知，随着土层深度的增加，

0.25～2 mm 粒径的土壤团聚体的有机碳贡献率逐渐减小，而 0.053～0.25 mm 粒径的土壤团聚体、<0.053 mm 粒径的土壤团聚体的有机碳贡献率逐渐增大。其中，0～10 cm 和 10～20 cm 土层的变化较为明显，40 cm 以下土壤各粒径土壤团聚体的有机碳贡献率就趋于稳定了。

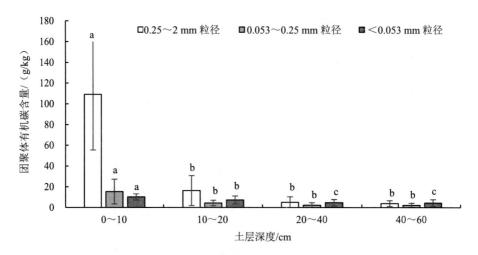

图 5-8　各粒径土壤团聚体有机碳含量的剖面特征

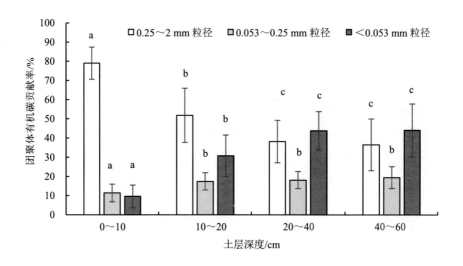

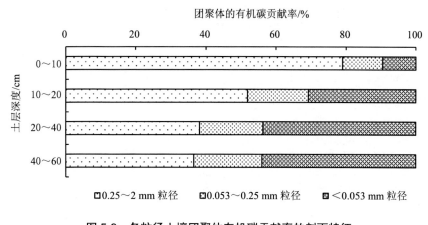

图 5-9　各粒径土壤团聚体有机碳贡献率的剖面特征

5.2.3　土壤团聚体碳的影响因素分析

5.2.3.1　土壤团聚体及其有机碳特征值间的相互关系

由表 5-16 可知，土壤团聚体的稳定性特征值之间均存在极显著相关关系（$P<$ 0.01）。其中，0.25～2 mm 粒径的土壤团聚体含量与其他两个粒径间均呈极显著负相关关系，微团聚体粒径间呈极显著正相关关系。MWD 与 GMD 呈显著正相关关系，而与 D 呈极显著负相关关系。0.25～2 mm 粒径的土壤团聚体含量与 MWD、GMD 呈极显著正相关关系，与 D 呈极显著负相关关系；0.053～0.25 mm 和＜ 0.053 mm 粒径土壤团聚体含量均与 MWD、GMD 呈极显著负相关关系，与 0.25～ 2 mm 粒径的土壤团聚体特征相反，但二者与 D 的相关关系存在差异，0.053～ 0.25 mm 粒径的土壤团聚体含量与 D 呈极显著负相关关系，而＜0.053 mm 粒径的土壤团聚体含量与 D 呈极显著正相关关系。不同粒径的土壤团聚体的有机碳含量与土壤团聚体各稳定性指标间的相关关系较一致，差异仅表现在相关程度上（表 5-17）。各粒径的土壤团聚体的有机碳与 MWD、GMD 均呈极显著正相关关系（$P<0.01$），其中，与 0.25～2 mm 粒径土壤团聚体的有机碳的相关程度最高；各粒径土壤团聚体的有机碳与 D 均呈负相关关系，其中，与 0.053 mm 以上粒径的土壤团聚体表现为极显著相关关系（$P<0.01$）。

表 5-16　各粒径土壤团聚体特征值间的相关关系

指标	0.25～2 mm	0.053～0.25 mm	<0.053 mm	MWD	GMD	D
0.25～2 mm	1	−0.63**	−0.95**	0.99**	0.96**	−0.046**
0.053～0.25 mm	−0.63**	1	0.36**	−0.60**	−0.56**	−0.34**
<0.053 mm	−0.95**	0.36**	1	−0.96**	−0.93**	0.69**
MWD	0.99**	−0.60**	−0.96**	1	0.96**	−0.49**
GMD	0.96**	−0.56**	−0.93**	0.96**	1	−0.54**
D	−0.46**	−0.34**	0.69**	−0.49**	−0.54**	1

注：*表示 $P<0.05$，**表示 $P<0.01$。

表 5-17　各粒径土壤团聚体的有机碳与其特征值间的相关关系

指标	0.25～2 mm	0.053～0.25 mm	<0.053 mm	MWD	GMD	D
0.25～2 mm 有机碳	0.74**	−0.56**	−0.67**	0.74**	0.82**	−0.31**
0.053～0.25 mm 有机碳	0.53**	−0.26*	−0.53**	0.54**	0.60**	−0.45**
<0.053 mm 有机碳	0.34**	−0.31**	−0.29**	0.34**	0.36**	−0.08

注：*表示 $P<0.05$，**表示 $P<0.01$。

5.2.3.2　土壤总有机碳的影响

由相关分析结果（图 5-10）可知，兴安落叶松林土壤总有机碳与各粒径土壤团聚体间的相关关系存在一定差异，如与大团聚体（0.25～2 mm）呈极显著正相关关系，而与微团聚体（<0.25 mm）呈极显著负相关关系，其中与<0.053 mm 粒径的土壤团聚体的相关程度最高。

由图 5-11 可知，MWD、GMD 与土壤总有机碳含量呈极显著正相关关系（$P<0.01$），D、K 与土壤总有机碳含量分别呈显著（$P<0.05$）和极显著（$P<0.01$）负相关关系，即土壤有机碳含量越高，土壤团聚体的 MWD、GMD 越大，D 和 K 越小，从而土壤的结构和稳定性越好，抗蚀能力越强。

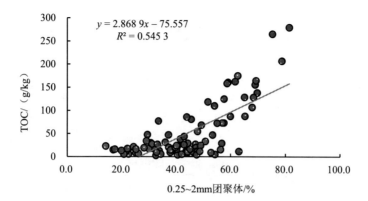

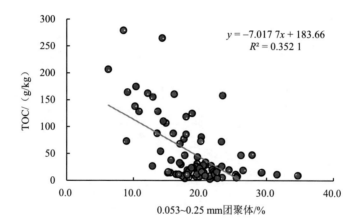

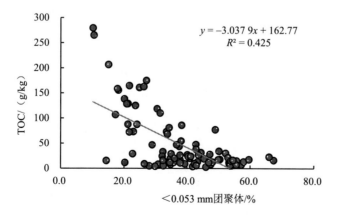

图 5-10 各粒径土壤团聚体含量与土壤总有机碳的相关关系

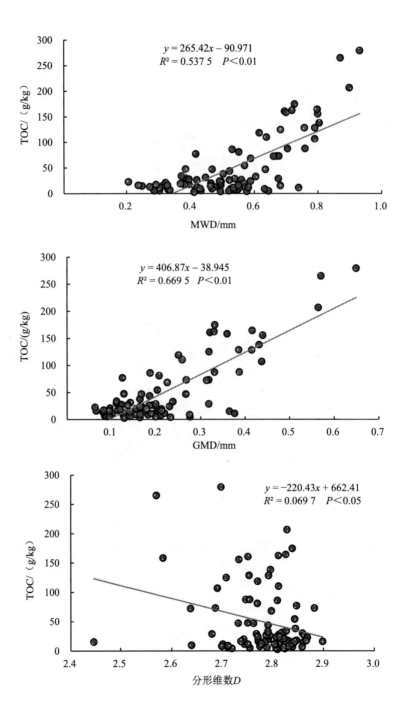

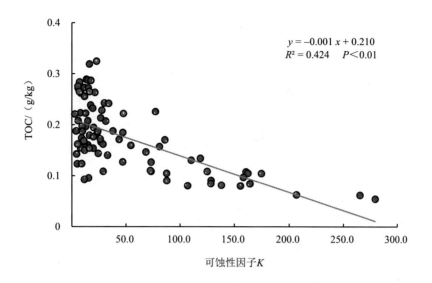

$$y = -0.001\,x + 0.210$$
$$R^2 = 0.424 \quad P < 0.01$$

图 5-11　土壤团聚体各稳定性指标与土壤总有机碳的相关关系

　　各粒径土壤团聚体的有机碳含量均与土壤总有机碳呈极显著正相关关系（图5-12），相关系数分别为 0.979、0.873 和 0.668，其相关程度随粒径的减小而逐渐降低。同时，各粒径土壤团聚体的有机碳间两两存在极显著正相关关系（$P < 0.01$）。

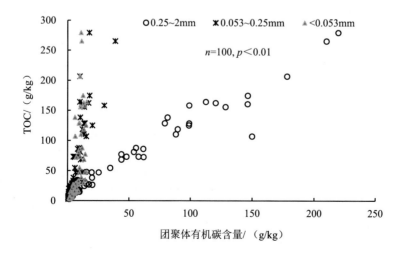

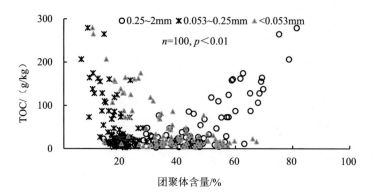

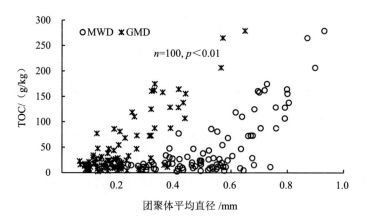

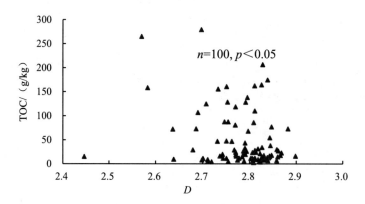

图 5-12　土壤团聚体各指标与土壤总有机碳的相关关系

5.2.3.3　林型、林龄、土层深度及其交互作用的影响

土壤团聚体各特征值受林型、林龄、土层深度及其交互作用的协同效应影响（表 5-18）。由表 5-18 可知，林龄、林型和土层深度对土壤团聚体各特征值具有一定影响。林型、林龄和土层深度对 0.25～2 mm 和＜0.053 mm 粒径的土壤团聚体含量的影响均达到了显著水平以上（$P<0.05$），其中土层深度的影响效果最明显；林型和土层深度对 0.053～0.25 mm 粒径的土壤团聚体的影响均达到了极显著水平（$P<0.001$）。林型、林龄和土层深度对 MWD、GMD 和 K 的影响均达到了显著水平以上（$P<0.05$），其中土层深度的影响效果最明显；林型和土层深度对 D 的影响均达到了显著水平（$P<0.05$）；而林龄对 0.053～0.25 mm 粒径的土壤团聚体和 D 均无显著影响。林龄与林型的交互作用对＜0.053 mm 粒径的土壤团聚体和 GMD 的影响均达到了显著水平（$P<0.05$），对 D 的影响达到了极显著水平（$P<0.001$）；林龄与土层深度的交互作用仅对 D 产生了极显著影响（$P<0.001$）；林型与土层深度的交互作用对 GMD 和 D 均产生了显著影响（$P<0.05$）。林型、林龄、土层深度三者的交互作用对各特征值均无显著影响。以上各因素对团聚体特征值总体变异的贡献大小依次为土层＞林型＞林龄＞林龄与林型的交互作用＞土层与林型的交互作用＞土层与林龄的交互作用＞土层、林型、林龄三者的交互作用，其中土层深度对各特征值的影响最明显。

表 5-18　林龄、林型、土层深度及其交互作用对兴安落叶松林土壤团聚体特征值的影响

影响因素	F 值						
	0.25～2 mm	0.053～0.25 mm	＜0.053 mm	MWD	GMD	D	K
林龄	4.369**	2.429	3.366*	4.294**	4.510**	0.566	3.842*
林型	3.930*	9.024***	3.796*	3.704*	3.289*	3.170*	4.304*
土层深度	24.439***	8.031***	21.825***	24.410***	41.891***	8.259***	18.737***
林龄×林型	1.963	1.670	2.928*	2.011	2.761*	5.403***	2.203
林龄×土层深度	0.446	0.815	1.041	0.470	1.235	5.198***	0.558
林型×土层深度	1.255	0.701	1.909	1.312	2.630*	3.133*	1.282
林龄×林型×土层深度	0.560	0.754	0.513	0.545	1.405	1.480	0.428

　　土壤团聚体的有机碳受林型、林龄、土层深度及其交互作用的协同效应影响（表 5-19）。由表 5-19 可知，林龄、林型和土层深度对土壤团聚体的有机碳具有一定影响。林型、林龄和土层深度对 0.25~2 mm 粒径的土壤团聚体有机碳含量的影响均达到了极显著水平（$P<0.001$），其中土层深度的影响效果最明显，离差平方和达 146 498.58；土层深度对 0.053~0.25 mm 和<0.053 mm 粒径的土壤团聚体有机碳的影响也达到了极显著水平（$P<0.001$），离差平方和分别为 2 022.12 和 311.89；林型和林龄对土壤微团聚体的有机碳含量无显著影响。林龄、林型、土层深度两两间的交互作用对 0.25~2 mm 粒径的土壤团聚体有机碳含量产生了显著或极显著影响，林型与林龄的交互作用还对<0.053 mm 粒径的土壤团聚体有机碳含量具有显著影响。林型、林龄、土层深度三者间的交互作用对 0.25~2 mm 粒径的土壤团聚体有机碳含量产生了显著影响。以上各因素对有机碳含量总体变异的贡献大小依次为土层>土层与林龄的交互作用>土层、林型、林龄三者的交互作用>林龄>土层与林型的交互作用>林龄与林型的交互作用>林型，其中土层深度对土壤团聚体有机碳含量的影响最明显。

表 5-19　林龄、林型、土层深度及其交互作用对兴安落叶松林土壤团聚体的有机碳的影响

影响因素	土层深度/mm	Ⅲ类平方和	自由度	均方	F 值	显著性
林龄	0.25~2	7 840.897	3	2 613.632	9.167	<0.001
	0.053~0.25	276.710	3	92.237	2.749	0.054
	<0.053	9.968	3	3.323	0.334	0.801
林型	0.25~2	5 361.308	2	2 680.654	9.402	<0.001
	0.053~0.25	37.231	2	18.616	0.555	0.578
	<0.053	5.626	2	2.813	0.283	0.755
土层深度	0.25~2	146 498.583	3	48 832.861	171.283	<0.001
	0.053~0.25	2 022.116	3	674.039	20.091	<0.001
	<0.053	311.889	3	103.963	10.456	<0.001
林龄×林型	0.25~2	5 309.133	6	884.856	3.104	0.013
	0.053~0.25	272.173	6	45.362	1.352	0.255
	<0.053	214.521	6	35.753	3.596	0.005

影响因素	土层深度/mm	Ⅲ类平方和	自由度	均方	F值	显著性
林龄×土层深度	0.25~2	12 234.854	9	1 359.428	4.768	<0.001
	0.053~0.25	549.474	9	61.053	1.820	0.091
	<0.053	86.970	9	9.663	0.972	0.476
林型×土层	0.25~2	7 570.084	6	1 261.681	4.425	0.001
	0.053~0.25	32.828	6	5.471	0.163	0.985
	<0.053	11.453	6	1.909	0.192	0.977
林龄×林型×土层	0.25~2	10 748.925	15	716.595	2.513	0.009
	0.053~0.25	228.790	15	15.253	0.455	0.951
	<0.053	83.536	15	5.569	0.560	0.889

5.2.3.4 土壤理化指标的影响

由表 5-20 可知，土壤含水量、pH、速效钾、有效磷和有机磷对土壤团聚体及其稳定性有重要影响，但粒径大小不同，影响程度也存在差异。各理化指标对大团聚体（0.25~2 mm）和微团聚体（<0.25 mm）的影响恰好相反。对于大团聚体，MWD 和 GMD 除与 pH 呈极显著负相关关系外，与其他指标均呈显著正相关关系。土壤含水量、容重、pH、铵态氮、速效钾和有机磷对土壤团聚体的有机碳均有重要影响，且影响在各粒径间较为一致，即除与容重、pH 呈极显著负相关关系外，与其他指标均呈显著正相关关系。

各金属氧化物是土壤的无机胶结物质，对土壤团聚体的形成和稳定具有重要影响（表 5-21）。由表 5-21 可知，除 CaO 外，其他金属氧化物含量与土壤大团聚体、MWD 和 GMD 均呈显著负相关关系；各金属氧化物含量与微团聚体间的关系恰好与大团聚体相反；各粒径土壤团聚体的有机碳与各金属氧化物含量间的关系与大团聚体一致。

表 5-20　土壤团聚体各影响因子与土壤各理化指标间的相关性

指标	SWC	BD	pH	NH$_4^+$-N	AK	AP	TP	IP	OP
0.25～2 mm 粒径的土壤团聚体	0.457**	0.092	-0.549**	0.201	0.308**	0.273*	0.599**	0.124	0.688**
0.053～0.25 mm 粒径的土壤团聚体	-0.297**	0.066	0.512**	-0.106	-0.396**	-0.131	-0.347**	-0.071	-0.399**
<0.053 mm 粒径的土壤团聚体	-0.449**	-0.133	0.440**	-0.199	-0.213*	-0.260*	-0.580**	-0.120	-0.665**
MWD	0.460**	0.098	-0.540**	0.204	0.297**	0.278*	0.601**	0.125	0.689**
GMD	0.550**	0.082	-0.565**	0.175	0.278**	0.250*	0.601**	0.088	0.728**
D	-.0294**	-0.154	0.087	-0.098	0.057	-0.202	-0.347**	-0.074	-0.396**
K	-0.407**	-0.118	0.476**	-0.209	-0.261*	-0.272*	-0.582**	-0.136	-0.653**
0.25～2 mm 粒径的土壤团聚体有机碳	0.738**	-0.403**	-0.597**	0.295**	0.435**	0.094	0.533**	-0.062	0.790**
0.053～0.25 mm 粒径的土壤团聚体有机碳	0.620**	-0.512**	-0.380**	0.263*	0.365**	0.066	0.436**	-0.062	0.655**
<0.053 mm 粒径的土壤团聚体有机碳	0.564**	-0.516**	-0.411**	0.382**	0.348**	0.050	0.322**	-0.116	0.555**

表 5-21　土壤团聚体各影响影响因子与土壤各金属氧化物间的相关性

指标	Na_2O	MgO	Al_2O_3	K_2O	CaO	Fe_2O_3
0.25～2 mm 粒径的土壤团聚体	−0.617**	−0.564**	−0.420**	−0.231*	0.234*	−0.186
0.053～0.25 mm 粒径的土壤团聚体	0.446**	0.563**	0.493**	0.268*	−0.020	0.340**
＜0.053 mm 粒径的土壤团聚体	0.570**	0.463**	0.316**	0.175	−0.274*	0.093
MWD	−0.618**	−0.560**	−0.416**	−0.229*	0.242*	−0.180
GMD	−0.609**	−0.559**	−0.428**	−0.236*	0.246*	−0.224*
D	0.236*	0.036	−0.050	−0.074	−0.278*	−0.143
K	0.587**	0.502**	0.353**	0.194	−0.250*	0.117
0.25～2 mm 粒径的土壤团聚体有机碳	−0.682**	−0.664**	−0.704**	−0.537**	0.481**	−0.282*
0.053～0.25 mm 粒径的土壤团聚体有机碳	−0.679**	−0.506**	−0.519**	−0.399**	0.635**	−0.187
＜0.053 mm 粒径的土壤团聚体有机碳	−0.664**	−0.417**	−0.375**	−0.263*	0.496**	−0.259*

5.3　不同林龄兴安落叶松林土壤团聚体及其有机碳特征

5.3.1　土壤团聚体的组成特征

不同林龄兴安落叶松林土壤团聚体的组成与剖面分布特征见表 5-22 和图 5-13。总体而言，不同粒径的土壤团聚体含量随林龄增加的变化规律不同。随着林龄的增加，0.25～2 mm 粒径的土壤团聚体含量先减少后增加；＜0.053 mm 粒径的土壤团聚体含量先增加后减少；0.053～0.25 mm 粒径的土壤团聚体含量先减少后增加又再减少。其中，近熟林 0.25～2 mm 粒径的土壤团聚体含量显著少于幼龄林和中龄林，近熟林 0.053～0.25 mm 粒径的土壤团聚体含量显著大于幼龄林和中龄林，近熟林＜0.053 mm 粒径的土壤团聚体含量显著大于幼龄林。

表 5-22　不同林龄兴安落叶松林土壤团聚体的组成　　　　　　单位：%

林龄	0.25～2 mm	0.053～0.25 mm	＜0.053 mm
幼龄林	50.34±16.83a	17.90±5.64a	31.76±12.91a
中龄林	46.54±14.69a	17.39±4.85a	36.07±11.93ab
近熟林	36.83±14.88b	21.46±5.34b	41.71±12.92b
成过熟林	44.13±13.72ab	19.48±3.45ab	36.39±12.91ab

由表 5-22 可知，除近熟林外，其他林龄的兴安落叶松林土壤团聚体均以大团聚体（0.25～2 mm）为主，占团聚体总含量的 44.13%～50.34%；且各粒径土壤团聚体的含量大小排序均为 0.25～2 mm 粒径＞0.053 mm 以下粒径＞0.53～0.25 mm 粒径。而近熟林各粒径土壤团聚体的大小排序为 0.053 mm 以下粒径（41.71%）＞0.25～2 mm 粒径（36.83%）＞0.53～0.25 mm 粒径（21.46%）。

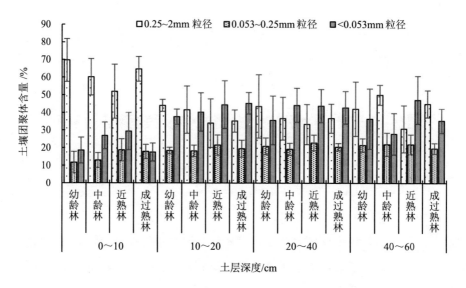

图 5-13　不同林龄兴安落叶松林土壤团聚体含量的剖面特征

由图 5-13 可知，除 40～60 cm 土层外，不同林龄同一土层中，0.25～2 mm 粒径的土壤大团聚体含量均随林龄的增加而先减少后增加，其中，在 0～10 cm 土层，幼龄林与近熟林之间的差异显著，而其他林龄间的差异均不显著。同一林龄不同土层中，幼龄林和近熟林的 0.25～2 mm 粒径的土壤团聚体含量均随土层深度的增加而逐渐减少；幼龄林和中龄林的 0.053～0.25 mm 粒径的土壤团聚体含量均随土层深度的增加而逐渐增加，近熟林和成过熟林的 0.053～0.25 mm 粒径的土壤团聚体含量均随土层深度的增加而先增加后减少；中龄林和成过熟林的<0.053 mm 粒径的土壤团聚体含量均随土层深度的增加而先增加后减少。

5.3.2　土壤团聚体的稳定性特征

不同林龄兴安落叶松林土壤团聚体的稳定性指标和剖面分布特征分别见表 5-23 和图 5-14。由表 5-23 可知，MWD 和 GMD 的变化规律一致，即随林龄的增加先减小后增大，具体表现为幼龄林＞中龄林＞成过熟林＞近熟林，其中，近熟林的 MWD 和 GMD 均与幼龄林有显著性差异，而各龄级的 D 均无显著性差异。

表 5-23　不同林龄兴安落叶松林土壤团聚体的稳定性指标

林龄	MWD/mm	GMD/mm	D
幼龄林	0.60±0.18a	0.28±0.16a	2.77±0.06a
中龄林	0.56±0.16a	0.23±0.11ab	2.79±0.08a
近熟林	0.46±0.16b	0.17±0.09b	2.78±0.06a
成过熟林	0.54±0.15ab	0.22±0.12ab	2.76±0.09a

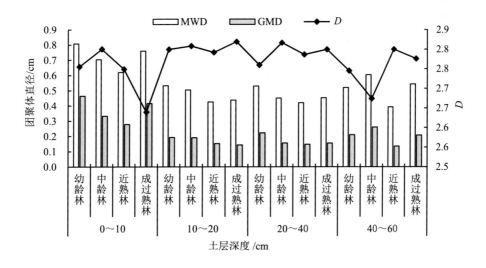

图 5-14　不同林龄兴安落叶松林土壤团聚体稳定性指标的剖面特征

　　由图 5-14 可知，除 40～60 cm 土层外，不同林龄、同一土层中，MWD 随林龄的增加而先减小后增大，其中，在 0～10 cm 土层，近熟林与其他各龄级间均差异显著，但其他林龄之间的差异不显著。同一林龄、不同土层中，幼龄林和近熟林的 MWD 随土层深度的增加而逐渐减小；中龄林和成过熟林的 MWD 随土层深度的增加先减小后增大。不同林龄 GMD 的剖面变化规律与 MWD 基本一致；不同林龄的 D 在剖面分布上差异较小。0～10 cm 土层，成过熟林的 D 显著小于其他各龄级；20～40 cm 土层，幼龄林的 D 与中龄林间差异显著。中龄林，40～60 cm 土层的 D 显著小于其他各层；成过熟林，0～10 cm 土层的 D 显著小于其他各层。

5.3.3　土壤团聚体的有机碳含量

　　不同林龄兴安落叶松林土壤团聚体的有机碳含量的变化范围为 4.66～46.45 g/kg（表 5-24）。由图 5-15 可知，土壤团聚体的有机碳含量呈现明显的垂直分布趋势，即随土层深度的增加而递减。同一土层中，不同林龄、同一粒径的土壤团聚体的有机碳含量随林龄的增长呈现不同变化趋势，0～10 cm 土层其先降低后增加，10～20 cm 土层其先增后降再增，20～40 cm 和 40～60 cm 土层其均先增加后降低。具体表现为 0～10 cm 和 10～20 cm 土层，成熟林＞幼龄林、中龄林＞近熟林；20～40 cm 和 40～60 cm 土层，中龄林、近熟林＞幼龄林、成过熟林。同一林龄、不同粒径的土壤团聚体的有机碳含量随粒径的减小呈现不同变化特征。从整个剖面来看，成过熟林的土壤团聚体的有机碳含量呈现逐渐减小趋势，而其他林龄呈现先减小再增大趋势；不同土层中，变化趋势存在一定差异。表层（0～10 cm）各林龄的土壤团聚体的有机碳含量随粒径的减小而减少；其他土层各林龄土壤团聚体的有机碳含量随粒径的减小而呈现先减少后增加的趋势。总体而言，各林龄中，0.25～2 mm 粒径的土壤团聚体的有机碳含量最高，在成过熟林表层（0～10 cm）可达 155.82 g/kg；0.053～0.25 mm 粒径的土壤团聚体的有机碳含量最低，在成过熟林底层（40～60 cm）仅为 1.19 g/kg。

表 5-24 不同林龄兴安落叶松林土壤团聚体的有机碳含量 单位：g/kg

林龄	0.25～2 mm	0.053～0.25 mm	<0.053 mm
幼龄林	46.45±72.13a	5.31±5.68ab	6.45±3.70a
中龄林	36.31±43.26a	5.90±4.86ab	7.39±3.75a
近熟林	19.19±31.41a	4.66±4.74a	6.46±3.96a
成过熟林	44.63±66.92a	9.81±14.79b	7.15±4.70a

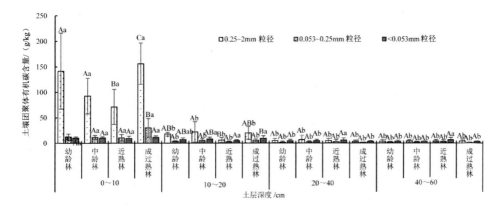

图 5-15 不同林龄兴安落叶松林土壤团聚体的有机碳含量的剖面特征

5.3.4 土壤团聚体的有机碳贡献率

通过对不同粒径土壤团聚体的有机碳贡献率的计算，分析不同林龄兴安落叶松林不同粒径土壤团聚体对土壤有机碳的贡献。结果表明，不同林龄兴安落叶松林土壤团聚体的有机碳贡献率介于 13.49%～57.46%（表 5-25 和图 5-16）。不同林龄、同粒径土壤团聚体的有机碳贡献率呈现不同的规律：在各土层中，0.25～2 mm 粒径的土壤团聚体的有机碳贡献率随林龄的增加均呈现先减小后增大的趋势；0.053～0.25 mm 粒径的土壤团聚体的有机碳贡献率在不同土层随林龄增加的变化趋势存在差异，表现为在 0～10 cm 土层逐渐增大，在其他土层先增大后减小；<0.053 mm 粒径的土壤团聚体的有机碳贡献率在不同土层随林龄增加的变化趋势也存在差异，表现为在 0～10 cm 土层、0～20 cm 土层先增大后减小，在 20～60 cm 土层先减小后增大。土壤大团聚体（0.25～2 mm）的有机碳贡献率在近熟林

最小，而土壤微团聚体（＜0.25 mm）的有机碳贡献率在近熟林最大。

表 5-25　不同林龄兴安落叶松林土壤团聚体的有机碳组成　　　　　　单位：%

林龄	0.25～2 mm	0.053～0.25 mm	＜0.053 mm
幼龄林	57.46±21.80a	13.49±4.87a	29.05±18.49a
中龄林	56.07±20.16a	15.43±5.58a	28.49±16.68a
近熟林	43.98±19.67b	19.13±5.86b	36.88±15.90a
成过熟林	54.37±19.93ab	16.01±4.38a	29.63±18.59a

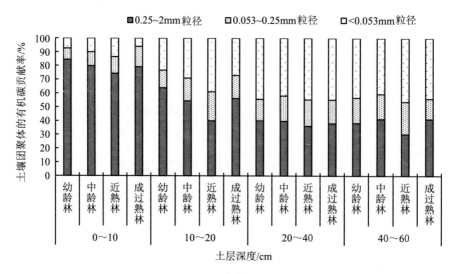

图 5-16　不同林龄兴安落叶松林土壤团聚体的有机碳贡献率的剖面特征

同一林龄、不同粒径土壤团聚体的有机碳贡献率也存在不同特征，在幼龄林，各土层土壤团聚体的有机碳贡献率均随粒径的减小大致呈现逐渐减小的趋势；在其他龄级，各土层土壤团聚体的有机碳贡献率均呈现随粒径减小而先减小后增大的趋势。各林龄中，0.25～2 mm 粒径的土壤团聚体的有机碳贡献率占比最大，范围在 30.21%～84.43%；各土层中，除表层外，0.053～0.25 mm 粒径的土壤团聚体的有机碳贡献率最小。

5.4 不同林型兴安落叶松林土壤团聚体及其有机碳特征

5.4.1 土壤团聚体的组成特征

不同林型兴安落叶松林土壤团聚体的组成与剖面分布特征见表 5-26 和图 5-17。总体而言，不同粒径的土壤团聚体含量在林型间的规律不同。0.25～2 mm 粒径的土壤团聚体含量在林型间的大小依次为杜鹃林＞草类林＞杜香林；0.053～0.25 mm 粒径的土壤团聚体含量在林型间的大小依次为草类林＞杜香林＞杜鹃林；＜0.053 mm 粒径的土壤团聚体含量在林型间的大小排序与 0.25～2 mm 粒径的土壤团聚体恰好相反，为杜香林＞草类林＞杜鹃林。其中，草类林 0.053～0.25 mm 粒径的土壤团聚体含量显著高于杜香林和杜鹃林。各林型中的兴安落叶松林土壤团聚体基本以大团聚体（0.25～2 mm）为主，占整个团聚体含量的 40.86%～48.02%；草类林和杜鹃林中，各粒径土壤团聚体的含量大小排序均为 0.25～2 mm 粒径＞0.053 mm 以下粒径＞0.53～0.25 mm 粒径，而杜香林中，各粒径土壤团聚体的含量大小排序均为 0.25～2 mm 粒径≈0.053 mm 以下粒径＞0.53～0.25 mm 粒径。

由图 5-17 可知，0.25～2 mm 粒径的土壤团聚体在各林型中均具有明显的表聚性特征，即在表层土壤（0～10 cm）中的含量显著大于其他土层；而＜0.053 mm 和 0.053～0.25 mm 粒径的土壤团聚体含量明显低于其他各土层。0.25～2 mm 粒径的土壤团聚体含量在各林型间的差异主要体现在 20 cm 以下深度的土层，其中，在 20～40 cm 土层为杜鹃林中的含量显著高于杜香林，在 40～60 cm 土层为草类林和杜鹃林中的含量显著高于杜香林。0.053～0.25 mm 粒径的土壤团聚体含量在各林型间的差异主要表现在 0～10 cm 和 20～40 cm 土层，均为草类林中的含量显著大于杜鹃林。＜0.053 mm 粒径的土壤团聚体含量在各林型间的差异特征与 0.25～2 mm 粒径的土壤团聚体较一致，也主要表现在 20 cm 以下深度的土层，但大小关系恰好相反，即在 20～40 cm 土层为杜鹃林中的含量显著低于杜香林，在 40～60 cm 土层为草类林和杜鹃林中的含量显著低于杜香林。

表 5-26 不同林型兴安落叶松林土壤团聚体的组成　　　　　　　　单位：%

林龄	0.25～2 mm	0.053～0.25 mm	<0.053 mm
草类林	42.56±11.51a	21.09±4.63a	36.35±9.94a
杜香林	40.86±21.45a	18.09±5.42b	41.05±17.33a
杜鹃林	48.02±13.41a	17.31±4.48b	34.67±11.47a

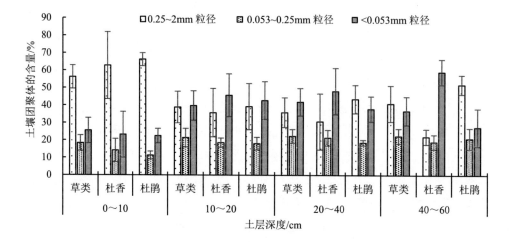

图 5-17 不同林型兴安落叶松林土壤团聚体含量的剖面特征

5.4.2 土壤团聚体的稳定性特征

不同林型兴安落叶松林土壤团聚体的稳定性指标和剖面分布特征分别见表 5-27 和图 5-18。由表 5-27 可知，MWD 和 GMD 在各林型间无显著差异，但草类林的 D 显著小于杜香林和杜鹃林，杜香林的 K 显著大于杜鹃林。由图 5-18 可知，不同林型中，各稳定性指标在不同土层间均无显著性差异；不同土层中，各稳定性指标在各林型间的显著性差异主要发生在 20 cm 以下深度的土层。其中，在 20～40 cm 土层，杜鹃林的 MWD 显著大于草类林和杜香林，D 显著小于草类林和杜香林，草类林的 GMD 显著大于杜香林；在 40～60 cm 土层，杜鹃林的 MWD 显著大于草类林和杜香林，D 显著小于草类林和杜香林。随着土层深度增加，草类林和杜鹃林的变化趋势较一致，即 MWD 和 GMD 呈先减小后增大趋势，D 呈先增大后减小趋势；杜香林的 MWD 和 GMD 呈逐渐减小趋势，D 呈逐渐增大趋势。

表 5-27   不同林型兴安落叶松林土壤团聚体的稳定性指标

林龄	MWD	GMD	D	K
草类林	0.52±0.12a	0.20±0.08a	2.76±0.07a	0.17±0.05ab
杜香林	0.50±0.23a	0.22±0.17a	2.80±0.07b	0.20±0.09a
杜鹃林	0.57±0.15a	0.24±0.11a	2.79±0.08ab	0.16±0.06b

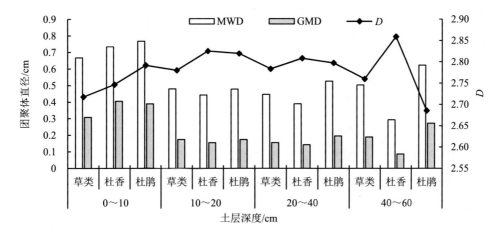

图 5-18   不同林型兴安落叶松林土壤团聚体稳定性指标的剖面特征

5.4.3   土壤团聚体的有机碳含量

不同林型的兴安落叶松林土壤团聚体的有机碳含量无显著差异，变化范围为 5.50～50.10 g/kg（表 5-28）。杜香林各粒径土壤团聚体的有机碳含量均表现为最高；0.25～2 mm 粒径的土壤团聚体的有机碳含量在各林型间的大小顺序为杜香林＞杜鹃林＞草类林；0.053～0.25 mm 和＜0.053 mm 粒径的土壤团聚体的有机碳含量在林型间的大小顺序均表现为杜香林＞草类林＞杜鹃林。

表 5-28   不同林型兴安落叶松林土壤团聚体的有机碳含量   单位：g/kg

林龄	0.25～2 mm	0.053～0.25 mm	＜0.053 mm
草类林	26.22±41.14	6.26±9.81	6.90±4.16
杜香林	50.10±69.61	7.16±8.47	7.56±3.73
杜鹃林	33.12±48.08	5.50±5.11	6.22±4.01

由图 5-19 可知，不同林型、各粒径土壤团聚体的有机碳含量均呈现明显的垂直分布特征，即随土层深度增加而递减，递减速率随粒径大小依次减小，即 0.25~2 mm 粒径>0.053~0.25 mm 粒径>0.053 mm 以下粒径，且具有明显的表聚特征。不同土层、各粒径土壤团聚体的有机碳含量在各林型间的规律存在一定差异。在 20 cm 以上土层，0.25~2 mm 粒径的土壤团聚体的有机碳含量在各林型间的大小排序依次为杜香林>杜鹃林>草类林，20 cm 以下土层则表现为杜鹃林>草类林>杜香林，表明杜香林中 0.25~2 mm 粒径的土壤团聚体的有机碳含量随剖面下降速率较快。在 20 cm 以上土层，0.053~0.25 mm 粒径的土壤团聚体的有机碳含量在杜鹃林中最低；在 20 cm 以下土层，杜香林中最低，表明杜香林中 0.053~0.25 mm 粒径的土壤团聚体的有机碳含量随剖面下降速率较快。在 10 cm 以上土层，<0.053 mm 粒径的土壤团聚体的有机碳含量在杜香林中最低；在 10 cm 以下土层，杜鹃林中最低，表明杜香林中<0.053 mm 粒径的土壤团聚体的有机碳含量随剖面下降速率较慢。

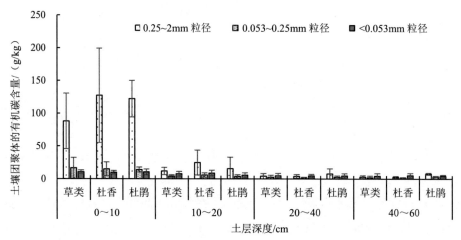

图 5-19   不同林型兴安落叶松林土壤团聚体的有机碳含量的剖面特征

5.4.4   土壤团聚体的有机碳贡献率

通过对不同粒径土壤团聚体的有机碳贡献率的计算，分析不同林型兴安落叶松林不同粒径土壤团聚体对土壤有机碳的贡献。结果表明，不同林型兴安落叶松林土壤团聚体的有机碳贡献率介于 14.65%～58.01%（表 5-29）。草类林中，0.053～0.25 mm 粒径的土壤团聚体的有机碳占比显著高于杜香林，＜0.053 mm 粒径的土壤团聚体的有机碳占比显著高于杜鹃林。

表 5-29 不同林型兴安落叶松林土壤团聚体的有机碳组成　　　　单位：%

林龄	0.25～2 mm	0.053～0.25 mm	＜0.053 mm
草类林	47.65±20.34a	17.54±6.05a	34.81±17.07a
杜香林	53.80±24.02a	14.65±4.85b	31.56±20.57ab
杜鹃林	58.01±16.11a	16.29±5.26ab	25.70±12.59b

各林型、不同粒径土壤团聚体的有机碳贡献率呈现不同的垂向分布规律（图 5-20）：总体表现为随土层深度增加，0.25～2 mm 粒径的土壤团聚体的有机碳贡献率呈下降趋势，而 0.053～0.25 mm 粒径和＜0.053 mm 粒径的土壤团聚体的有机碳贡献率则呈上升趋势，其中 0.053～0.25 mm 粒径的土壤团聚体的有机碳贡献率较稳定；各林型间的显著差异主要表现在 20 cm 以下深度土层，草类林和杜香林中，0.25～2 mm 粒径的土壤团聚体的有机碳贡献率显著小于杜鹃林，而＜0.053 mm 粒径的土壤团聚体的有机碳贡献率显著大于杜鹃林。随着土层深度增加，不同林型、各粒径土壤团聚体的有机碳贡献率发生了明显变化，20 cm 以下土层，草类林和杜香林中以 0.25～2 mm 粒径的土壤团聚体的有机碳占主导，20 cm 以上土层，则均以＜0.053 mm 粒径的土壤团聚体的有机碳占主导；杜鹃林中一直以 0.25～2 mm 粒径的土壤团聚体的有机碳占主导。0.25～2 mm 粒径的土壤团聚体的有机碳贡献率在各土层均以杜鹃林为最高；40 cm 以上土层，0.25～2 mm 粒径的土壤团聚体的有机碳贡献率在各林型间的大小排序依次为杜鹃林＞杜香林＞草类林。20 cm 以下土层，0.053～0.25 mm 粒径的土壤团聚体的有机碳贡献率在杜鹃林中最小；20 cm 以上土层，则为杜香林中最小。＜0.053 mm 粒径的土壤团聚体的有机碳贡献率在各土层均为杜鹃林中最低，杜香林中较高。

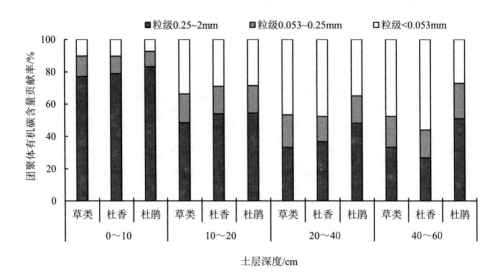

图 5-20 不同林型兴安落叶松林土壤团聚体的有机碳贡献率的剖面特征

5.4.5 土壤团聚体与影响因子间的回归分析

为了进一步明确各影响因子对不同林型兴安落叶松林各粒径土壤团聚体的影响，本书利用回归分析法筛选出了对不同林型有显著影响的主导因子，并建立了土壤团聚体与土壤影响因子间的回归方程。以 3 种林型、各粒径的土壤团聚体含量为因变量 Y，分别记为 Y_{11}（草类林土壤团聚体，粒径为 $0.250\sim2$ mm）、Y_{12}（草类林土壤团聚体，粒径为 $0.053\sim0.25$ mm）、Y_{13}（草类林土壤团聚体，粒径 <0.053 mm）、Y_{21}（杜香林土壤团聚体，粒径为 $0.25\sim2$ mm）、Y_{22}（杜香林土壤团聚体，粒径为 $0.053\sim0.25$ mm）、Y_{23}（杜香林土壤团聚体，粒径 <0.053 mm）、Y_{31}（杜鹃林土壤团聚体，粒径为 $0.25\sim2$ mm）、Y_{32}（杜鹃林土壤团聚体，粒径为 $0.053\sim0.25$ mm）、Y_{33}（杜鹃林土壤团聚体，粒径 <0.053 mm），以各影响因子为自变量，逐步进行线性回归分析，结果见表 5-30。

表 5-30　不同林型兴安落叶松林各粒径土壤团聚体的回归方程

林型	团聚体粒径	回归方程	显著性 Sig.	标准化回归系数	R^2	影响因子排序
草类—兴安落叶松林	0.25~2 mm	$Y_{11}=33.017+0.176B_{TOC}$	$P_{TOC}=0.002$	$B_{TOC}=0.683$	0.467	TOC
	0.053~0.25 mm	$Y_{12}=25.033-0.038B_{AK}$	$P_{AK}=0.023$	$B_{AK}=-0.526$	0.277	AK
	<0.053 mm	$Y_{13}=44.959-0.165B_{TOC}$	$P_{TOC}=0.001$	$B_{TOC}=-0.716$	0.512	TOC
杜香—兴安落叶松林	0.25~2 mm	$Y_{21}=28.456+0.229B_{TOC}$	$P_{TOC}=0.015$	$B_{TOC}=0.612$	0.374	TOC
	0.053~0.25 mm	$Y_{22}=10.235+4.634B_{Na_2O}$	$P_{Na_2O}=0.001$	$B_{Na_2O}=0.783$	0.613	Na$_2$O
	<0.053 mm	$Y_{23}=50.527-0.181B_{TOC}$	$P_{TOC}=0.026$	$B_{TOC}=-0.573$	0.328	TOC
杜鹃—兴安落叶松林	0.25~2 mm	$Y_{31}=16.027+0.192B_{TOC}+0.027B_{TP}$	$P_{TOC}=0.001$, $P_{TP}=0.006$	$B_{TOC}=0.725$, $B_{TP}=0.502$	0.828	TOC>TP
	0.053~0.25 mm	$Y_{32}=19.526-0.185B_{NH_4^+\text{-}N}$	$P_{NH_4^+\text{-}N}=0.001$	$B_{NH_4^+\text{-}N}=-0.819$	0.670	NH$_4^+$-N
	<0.053 mm	$Y_{33}=62.784-0.152B_{TOC}-0.023B_{TP}$	$P_{TOC}=0.002$, $P_{TP}=0.010$	$B_{TOC}=-0.674$, $B_{TP}=-0.517$	0.770	TOC>TP

表 5-30 中筛选出的影响因子的显著性水平均小于 0.05，回归关系显著，说明这些影响因子均对兴安落叶松林土壤团聚体具有显著影响。由决定系数 R^2 可知，杜鹃林的回归估计精度最高，在 67%以上。通过比较标准化回归系数发现，影响不同林型兴安落叶松林各粒径土壤团聚体含量的主导因子不同。TOC 是 3 种林型土壤大团聚体（0.25~2 mm）的共同主导因子，TP 是杜鹃林土壤大团聚体（0.25~2 mm）的主导因子，且回归系数均为正值；各林型中，<0.053 mm 粒径的土壤团聚体的主导因子与 0.25~2 mm 粒径的土壤团聚体的主导因子相同，但回归系数均为负值，这表明 TOC 和 TP 对兴安落叶松林大团聚体的形成起促进作用。不同林型中，0.053~0.25 mm 粒径的土壤团聚体的主导因子不同，草类林和杜鹃林的主导因子分别为 AK 和 NH$_4^+$-N，回归系数均为负值；杜香林的主导因子为 Na$_2$O，且回归系数为正值，表明钠等金属氧化物可以促进 0.053~0.25 mm 粒径土壤微团聚体的形成。以上分析进一步印证了不同粒径土壤团聚体间胶结物质的差异，同时也说明了林型对兴安落叶松林土壤团聚体的形成和稳定具有一定影响。

5.5　讨论与小结

5.5.1　讨论

5.5.1.1　土壤团聚体及其有机碳的统计特征

大兴安岭林区各粒径土壤团聚体的含量大小依次为 0.25～2 mm 粒径＞0.053 mm 粒径＞0.053～0.25 mm 粒径，兴安落叶松林土壤团聚体也主要富集在 0.25～2 mm 粒径的大团聚体上（占比 43.55%），与其他学者的研究结果较一致（程曼，2013；赵友朋，2018）。也有研究表明，根系和真菌菌丝是大团聚体的主要胶结剂，而腐殖性有机物是微团聚体的胶结剂（Tisdall and Oades，1982）。林地土壤以大团聚体占有绝对优势，这与植物根系的作用直接相关，植物根系的死亡根系通过缠绕和联结土壤颗粒并释放分泌物，促进了土壤大团聚体的形成与稳定（苑亚茹等，2018）。土壤团聚体的组成与土壤结构的好坏密切相关，＞0.25 mm 粒径的土壤团聚体的含量可在一定程度上表征土壤质量的优劣，其含量越高，土壤团聚体越稳定，土壤结构越好，质量越佳（Barthes and Roose，2002；马瑞萍等，2013）。而兴安落叶松主要分布于大兴安岭北部原始林区，森林土壤长期处于自然状态，未受人为干扰，植被生长旺盛，凋落物层较厚，可有效减缓降水对表层土壤的冲蚀和＞0.25 mm 粒径的土壤团聚体的冲击和破坏。

土壤团聚体的稳定性是反映土壤团聚体对有机碳物理保护作用的关键，可通过 MWD、GMD、D 等指标来衡量。MWD 和 GMD 越大，表示土壤团聚体的团聚度越高，团聚体越稳定，土壤结构越好。D 越小，土壤团聚体的分散度和可蚀性越小，土壤结构的稳定性越好。大兴安岭林区土壤团聚体的 MWD 为 0.57 mm，GMD 为 0.25 mm，D 为 2.65。大兴安岭林区的植被形成时间较长，生长状态良好，土壤有机质的腐殖化程度高，持久性有机介质比例高，因而土壤团聚体的稳定性高。

土壤团聚体可以保护和稳定土壤中的有机碳，是土壤有机碳存在的场所。不同粒径的土壤团聚体在维持、供给及转化营养等方面发挥着不同作用（罗友进等，

2010），对有机碳的储存能力也有所差异。大团聚体一般能贮存更多的有机碳，但这种贮存是不稳定的、暂时的；而微团聚体可以促使有机碳长期固存，所以有机碳的稳定性随着土壤团聚体粒径的增大而减小（王洋等，2013）。大兴安岭林区土壤团聚体的有机碳主要富集在 0.25～2 mm 粒径的大团聚体上，平均占比为 50.39%，这说明 0.25～2 mm 粒径的土壤团聚体是土壤肥力的重要物质条件，这与王富华等（2019）、赵友朋等（2018）、王心怡等（2019）等对不同森林植被土壤的研究结果较一致，证明了大团聚体比微团聚体含有更多的有机碳。林地在促进粉黏粒和微团聚体形成大团聚体的同时，使更多的土壤有机碳向大团聚体富集，大团聚体成为有机碳赋存的主体。而微团聚体的形成常常伴随着大团聚体内颗粒态有机质（iPOM）的分解，导致大团聚体向微团聚体进行转化（Jastrow et al.，1996；Six et al.，2004），所以微团聚体内含有较低的有机碳含量。

5.5.1.2　土壤团聚体及其有机碳的空间变异特征

基于地统计学理论和 Kriging 空间插值方法发现，大兴安岭林区土壤各粒径土壤团聚体的含量在统计上服从正态分布，且存在一定空间差异。总体表现为 0.25～2 mm 和＜0.053 mm 粒径的土壤团聚体含量由北向南逐渐减少，而 0.053～0.25 mm 粒径的土壤团聚体含量则恰好相反。各粒径的土壤团聚体含量均表现为中等强度的空间自相关性，说明其同时受到气候、植被、土壤等结构性因素和人类活动等随机因素的影响，且粒径越大，受随机因素影响越大。大兴安岭北部保存有我国最大的原始森林，森林土壤长期处于自然状态，未受人为干扰，植被生长旺盛，凋落物层较厚，可以有效减缓降水对表层土壤的冲蚀和＞0.25 mm 粒径的土壤团聚体的冲击和破坏，但大兴安岭南部受人为活动影响较明显，频繁的人为扰动会导致稳定性相对较差的土壤大团聚体崩解，增加了土壤微团聚体和粉黏粒组分的含量。各粒径土壤团聚体的有机碳均表现为高强度空间自相关性，表明其主要受到结构性因素的影响。

5.5.1.3　土壤团聚体及其有机碳的影响因素

土壤团聚体各特征值间存在一定的相关性。大粒径（＞0.25 mm）土壤团聚体的含量与其 MWD、GMD 呈现极显著正相关关系，与 D 呈极显著负相关关系，土壤微团聚体（＜0.25 mm）的含量与各稳定性指标间的相关关系与土壤大团聚体相反，这说明增加土壤中大粒径土壤团聚体的含量，可以提高土壤团聚体的稳定性。各粒径土壤团聚体的有机碳之间两两存在极显著正相关关系，大团聚体能结合大量有机碳，并通过有机质与土壤环境的相互作用促进微团聚体的形成，从而为微团聚体的有机碳的长期固存提供条件（Six et al.，2000）。

有研究表明，土壤团聚体的主要影响因子有土壤质地、黏土矿物类型、钙、镁等阳离子的含量、铁铝氧化物及土壤有机碳（李江涛等，2009）。同时，土壤中各种生物或生物来源有机质组分等生物因素，包括根系、土壤动物、土壤微生物及其代谢产物也显著影响不同粒径土壤团聚体的形成和衍化（苑亚茹等，2011）。土壤团聚体可以保护和稳定土壤中的有机碳，是土壤有机碳存在的场所，而土壤有机碳是土壤团聚体的胶结物质，二者不可分割。本研究也表明，大兴安岭林区土壤总有机碳与 0.25～2 mm 粒径的土壤团聚体呈显著正相关关系，而与＜0.053 mm 粒径的土壤团聚体呈显著负相关关系，这表明土壤有机碳有利于小粒径土壤团聚体胶结为土壤大团聚体，当土壤有机碳含量越高，土壤大团聚体含量就越高。大兴安岭林区土壤的总有机碳含量与 MWD、GMD 呈显著正相关关系，与 D 呈显著负相关关系，这表明土壤有机碳对土壤团聚体的稳定性具有积极作用，当土壤有机碳含量越高，土壤团聚体的 MWD、GMD 就越大，D 就越小，土壤的结构和稳定性就越好，抗侵蚀能力就越强。这与赵友鹏等（2018）、王心怡等（2019）对不同林分类型土壤团聚体及其稳定性的研究结果较一致。有机碳作为主要的黏结物质很可能在大兴安岭林区土壤团聚体的形成过程中起着重要作用，有机碳作为土壤团聚体形成的重要胶结物质，可以增强土壤团聚体间的联结力，大兴安岭林区的地表凋落物较多，在其分解转化为有机碳的过程中，微团聚体通过有机碳胶结形成大团聚体，随着大团聚体的形成，MWD 增大，土壤结构逐渐趋于稳定（郑子成等，2010）。因此，在森林经营过程中，可以通过采用合理管理方式增加土壤有机碳的含量，以提高团聚体的稳定性，从而提高森林的生态功能。土壤的含水量、养分含量和酸碱水平对兴安落叶松林土壤大团聚体的形成和土壤结构稳定性的影响主要通过改变土壤有机碳的积累来实现。pH 主要通过影响土壤微生物的种类、数量和活性而对土壤有机碳的分解产生影响（戴万宏等，2009），大兴安岭林区 0.25～2 mm 粒径土壤团聚体的含量、MWD、GMD 与 pH 均呈极显著负相关关系，表明酸性土壤更有利于大团聚体的形成和土壤结构的稳定（赵友朋等，2018）。<0.053 mm 粒径的土壤团聚体的含量与降水量呈极显著正相关关系，表明水分可以促进黏粉粒团聚体的形成。土壤中氮、磷、钾的增加可以促进植物生长，从而增加凋落物归还量和根系分泌物，提高微生物活性，有利于土壤有机质的重要组成成分多糖的累积（薛彦飞等，2015；祁金虎，2017）。各金属氧化物是土壤的无机胶结物质，对土壤团聚体的形成和稳定具有重要影响。兴安落叶松林土壤中 Na_2O、MgO、Al_2O_3 等金属氧化物的含量与土壤微团聚体含量间的关系表明，土壤团聚体的形成与矿物颗粒的矿化有关（胡琛等，2020），也体现了铝、铁等金属氧化物对微团聚体（<0.25 mm）的胶结作用。

土壤总有机碳含量与各粒径土壤团聚体的有机碳之间均呈极显著正相关关系，其相关程度随粒径的减小而逐渐降低，这表明各粒径土壤团聚体的有机碳含量与土壤总有机碳的含量密切相关，且土壤总有机碳对团聚体有机碳在各粒径间的分布有重要影响。Stewart 等（2008）的研究指出，微团聚体作为一个整体，与土壤总有机碳更多地表现出线性关系。总磷、铵态氮、速效钾等对各粒径土壤团聚体的有机碳的影响较一致，均呈正相关关系，表明土壤养分在一定程度上能够促进土壤团聚体的有机碳的增加。

林龄和林型对兴安落叶松林土壤团聚体的粒径分配具有一定影响，进而影响到团聚体的稳定性。不同发育阶段，其林分密度、郁闭度和凋落物量不同，植物根系及微生物活性也不同，加之树木生长过程对有机碳的消耗差异，导致了各粒径土壤团聚体含量的差异（王心怡等，2019）。随着林龄的增加，>0.25 mm 粒径的土壤团聚体呈现先减少后增加的趋势，但在近熟林其一直处于较低水平，一方面，可能是因为不同发育阶段森林的林分密度、郁闭度和凋落物量不同，植物根系及微生物活性也不同；另一方面，可能是因为上一代凋落物、采伐剩余物归还土壤的量和树木生长过程中对有机碳消耗的差异导致了大粒径土壤团聚体含量的差异。土地利用类型和森林类型不同，有机质输入的差异和人为扰动的影响，均会导致土壤团聚体的含量和稳定性存在差异（刘艳等，2013；任荣秀等，2020）。因林下植被的差异，兴安落叶松林呈现出不同的林型，常见的有草类林、杜香林、杜鹃林等，各林型在海拔高度、坡位和坡向分布方面均存在一定差异。分布于海拔较高山地上的杜鹃林的大团聚体能够更好地留存下来；杜香群落植被盖度大，地表凋落物多，土壤有机质的输入量也大；草类林主要生长在坡地上，土层浅，林木密度小，林下以低地草本为主，所以有机质的输入量也最少（李金博等，2015）。

5.5.2　小结

大兴安岭林区土壤团聚体的分布为 0.25～2 mm 粒径的土壤团聚体（46.14%）＞0.053 mm 以下粒径的土壤团聚体（27.72%）＞ 0.053～0.25 mm 粒径的土壤团聚体（26.14%）。各粒径土壤团聚体均表现为中等强度的空间自相关性，同时受到气候、植被、土壤等结构性因素和人类活动等随机因素的影响，且粒径越大，受随机因素影响越大。0.25～2 mm 粒径和＜0.053 mm 粒径的土壤团聚体含量由北向南逐渐减少，而 0.053～0.25 mm 粒径的土壤团聚体含量则恰好相反。

大兴安岭林区土壤团聚体的有机碳含量主要集中在 0.25～2 mm 粒径的大团聚体中（50.39%）；0.053～2 mm 粒径土壤团聚体中的有机碳含量最低（18.33%）。各粒径土壤团聚体的有机碳均表现为高强度空间自相关性，主要受到结构性因素的影响。各粒径土壤团聚体的有机碳含量空间差异并不显著，呈斑块状分布。

气温对土壤团聚体的形成和稳定无显著影响，降水有利于＜0.053 mm 粒径微团聚体的形成；土壤有机碳与 0.25～2 mm 粒径的土壤团聚体的含量、MWD 和 GMD 均呈显著正相关关系，土壤有机碳有利于小粒径土壤团聚体胶结为大团聚体，对土壤团聚体稳定性也具有积极作用。各粒径土壤团聚体的有机碳与土壤总有机碳均呈极显著正相关关系，且相关程度随粒径减小而逐渐减弱；土壤氮、磷、钾等养分含量可促进土壤团聚体的有机碳的累积。

兴安落叶松林土壤团聚体及其有机碳含量均以 0.25～2 mm 粒径的土壤团聚体最高，各粒径土壤团聚体及其有机碳含量表聚效应明显；随着土层深度的增加，0.25～2 mm 粒径的土壤团聚体的有机碳贡献率逐渐减小，而＜0.25 mm 粒径的土壤团聚体的有机碳贡献率逐渐增大，40 cm 以下土层，各粒径土壤团聚体的有机碳贡献率趋于稳定。林龄和林型对兴安落叶松林土壤团聚体的粒径分配和稳定性具有一定影响。各林型中，0.25～2 mm 粒径土壤团聚体的含量大小表现为杜鹃林＞草类林＞杜香林，各粒径土壤团聚体的有机碳含量均为杜香林最高；各林龄兴安落叶松林土壤团聚体均以 0.053～0.25 mm 粒径的微团聚体占比最低，除近熟林外的各林龄均以大团聚体（0.25～2 mm）为主，各粒径土壤团聚体的有机碳含量大小依次为 0.25~2 mm 粒径的土壤团聚体>0.053 mm 以下粒径的土壤团聚体>0.053~0.25 mm 粒径的土壤团聚体；土壤大团聚体的含量随林龄的增加先减少后增加，土壤微团聚体的含量随林龄增加先增加后减少。有机碳和金属氧化物对土壤团聚体的形成和稳定具有重要作用，分别是 0.25~2 mm 粒径土壤大团聚体和<0.25 mm 粒径土壤微团聚体的主要胶结物质；土壤水分、养分和酸碱条件均会对兴安落叶松林土壤团聚体的形成和稳定产生影响。

参考文献

蔡会德，张伟，江锦烽，等，2014. 广西森林土壤有机碳储量估算及空间格局特征[J]. 南京林业大学学报：自然科学版，38（6）：1-5.

曹小玉，李际平，张彩彩，等，2014. 不同龄组杉木林土壤有机碳和理化性质的变化特征及其通径分析[J]. 水土保持学报，28（4）：200-205.

曹小玉，李际平，2014. 杉木林土壤有机碳含量与土壤理化性质的相关性分析[J]. 林业资源管理，（6）：104-109.

程曼，朱秋莲，刘雷，等，2013. 宁南山区植被恢复对土壤团聚体水稳定及有机碳粒径分布的影响[J]. 生态学报，33（9）：2835-2844.

崔楠，吕光辉，刘晓星，等，2015. 胡杨、梭梭群落土壤理化性质及其相互关系[J]. 干旱区研究，32（3）：476-482.

崔宁洁，张丹桔，刘洋，等，2014. 不同林龄马尾松人工林林下植物多样性与土壤理化性质[J]. 生态学杂志，33（10）：2610-2617.

戴万宏，黄耀，武丽，等，2009. 中国地带性土壤有机质含量与酸碱度的关系[J]. 土壤学报，46（5）：851-860.

邓艳林，陈芳芳，张景，等，2017. 莽山不同次生林土壤有机碳分布与土壤物理性质的相关性[J]. 南方农业学报，48（4）：616-622.

窦森，李凯，关松，2011. 土壤团聚体中有机质研究进展[J]. 土壤学报，48（2）：412-418.

凡国华，刘超，李洋，等，2019. 不同林龄油茶林土壤理化性质的变化[J]. 东北林业大学学报，47（4）：38-42.

方精云，黄耀，朱江玲，等，2015. 森林生态系统碳收支及其影响机制[J]. 中国基础科学，（3）：20-25.

冯锦，崔东，孙国军，等，2017. 新疆土壤有机碳与土壤理化性质的相关性[J]. 草业科学，34（4）：

692-697.

苟天雄，刘韩，帅伟，等，2020. 川西高寒山地不同海拔高度土壤团聚体特征[J]. 水土保持研究，
　　27（1）：47-53.

辜翔，方晰，项文化，等，2013. 湘中丘陵区 4 种森林类型土壤有机碳和可矿化有机碳的比较
　　[J]. 生态学杂志，32（10）：2687-2694.

谷恒明，胡良平，2018. 基于贝叶斯统计思想实现多重线性回归分析[J]. 四川精神卫生，31（1）：
　　12-14.

谷思玉，汪睿，谷邵臣，等，2012. 不同类型红松林土壤基础肥力特征分析[J]. 水土保持通报，
　　32（3）：73-76.

管利民，吴志祥，周兆德，等，2012. 海南西部不同林龄橡胶人工林生态系统土壤有机碳库及
　　其影响因素分析[J]. 安徽农业科学，40（27）：13437-13440.

郭挺，2014. 川南不同林龄马尾松人工林土壤有机碳特征[D]. 雅安：四川农业大学.

郭兆迪，胡会峰，李品，等，2013. 1977—2008 年中国森林生物量碳汇的时空变化[J]. 中国科
　　学：生命科学，43（5）：421-431.

韩杰，温瑞勇，迟占颖，2004. 浅谈大小兴安岭森林植被分布[J]. 内蒙古科技与经济，（16）：111-
　　113.

洪雪姣，2012. 大、小兴安岭主要森林群落类型土壤有机碳密度及影响因子的研究[D]. 哈尔滨：
　　东北林业大学.

胡琛，贺云龙，崔鸿侠，等，2020. 神农架 4 种典型人工林对土壤团聚体分布及稳定性的影响
　　[J]. 中南林业科技大学学报，40（12）：125-133.

黄昌勇，2000. 土壤学[M]. 北京：中国农业出版社.

黄从德，张健，杨万勤，等，2009. 四川森林土壤有机碳储量的空间分布特征[J]. 生态学报，29
　　（3）：1217-1225.

贾树海，王薇薇，张日升，2017. 不同林型土壤有机碳及腐殖质组成的分布特征[J]. 水土保持学
　　报，31（6）：189-195.

焦如珍，林承栋，1997. 杉木人工林不同发育阶段林下植被，土壤微生物，酶活性及养分的变
　　化[J]. 林业科学研究，10（4）：373-379.

解宪丽，孙波，周慧珍，等，2004. 不同植被下中国土壤有机碳的储量与影响因子[J]. 土壤学报，
　　41（5）：687-699.

金峰，杨浩，赵其国，2000. 土壤有机碳储量及影响因素研究进展[J]. 土壤，32（1）：11-17.

景莎，田静，Mccormack M L，等，2016. 长白山原始阔叶红松林土壤有机质组分小尺度空间异质性[J]. 生态学报，36（20）：6445-6456.

李斌，方晰，李岩，等，2015. 湖南省森林土壤有机碳密度及碳库储量动态[J]. 生态学报，35（13）：4265-4278.

李红，2020. 樟子松人工林林龄对其林内土壤理化性质的影响[J]. 防护林科技（4）：26-27，41.

李江涛，钟晓兰，赵其国，2009. 耕作和施肥扰动下土壤团聚体稳定性影响因素研究[J]. 生态环境学报，18（6）：2354-2359.

李金博，朱道光，崔福星，等，2015. 寒温带落叶松林不同林型土壤有机碳含量及相关性分析[J]. 国土与自然资源研究（5）：72-75.

李双异，刘慧屿，张旭东，等，2006. 东北黑土地区主要土壤肥力质量指标的空间变异性[J]. 土壤通报，37（2）：220-225.

李小梅，张秋良，2015. 环境因子对兴安落叶松林生态系统 CO_2 通量的影响[J]. 北京林业大学报，37（18）：31-39

林而达，李玉娥，郭李萍，等，2005. 中国农业土壤固碳潜力与气候变化[M]. 北京：科学出版社.

林维，崔晓阳，2017. 地形因子对大兴安岭北端寒温带针叶林土壤有机碳储量的影响[J]. 森林工程，33（3）：1-6.

刘满强，胡锋，陈小云，2007. 土壤有机碳稳定机制研究进展[J]. 生态学报，27（6）：2642-2650.

刘文利，吴景贵，傅民杰，等，2014. 种植年限对果园土壤团聚体分布与稳定性的影响[J]. 水土保持学报，28（1）：129-135.

刘欣，彭道黎，邱新彩，2018. 华北落叶松不同林型土壤理化性质差异[J]. 应用与环境生物学报，24（4）：735-743.

刘艳，查同刚，王伊琨，等，2013. 北京地区栓皮栎和油松人工林土壤团聚体稳定性及有机碳特征[J]. 应用生态学报，24（3）：607-613.

罗友进，赵光，高明，等，2010. 不同植被覆盖对土壤有机碳矿化及团聚体碳分布的影响[J]. 水土保持学报，24（6）：117-122.

吕文强，周传艳，闫俊华，等，2016. 贵州省主要森林类型土壤有机碳密度特征及其影响因素[J]. 地球与环境，44（2）：4-10.

马姜明，梁士楚，杨栋林，等，2013. 桂北地区桉树林及其他三种森林类型土壤有机碳含量及密度特征[J]. 生态环境学报，22（8）：1282-1287.

马瑞萍，刘雷，安韶山，等，2013. 黄土丘陵区不同植被群落土壤团聚体的有机碳及其组分的分布[J]. 中国生态农业学报，21（3）：324-332.

苗娟，周传艳，李世杰，等，2014. 不同林龄云南松林土壤有机碳和全氮积累特征[J]. 应用生态学报，25（3）：625-631.

缪琦，史学正，于东升，等，2010. 气候因子对森林土壤有机碳影响的幅度效应研究[J]. 土壤学报，47（2）：270-278.

祁金虎，2017. 辽东山区天然次生栎林土壤有机碳含量及其与理化性质的关系[J]. 水土保持学报，31（4）：135-140，171.

秦纪洪，武艳镯，孙辉，等，2012. 低温季节西南亚高山森林土壤轻组分有机碳动态[J]. 土壤，44（3）：413-420.

秦娟，唐心红，杨雪梅，2013. 马尾松不同林型对土壤理化性质的影响[J]. 生态环境学报，22（4）：598-604.

秦晓佳，丁贵杰，2012. 不同林龄马尾松人工林土壤有机碳特征及其与养分的关系[J]. 浙江林业科技，32（2）：12-17.

渠开跃，冯慧敏，代力民，等，2009. 辽东山区不同林型土壤有机碳剖面分布特征及碳储量研究[J]. 土壤通报，40（6）：1316-1320.

任荣秀，杜章留，孙义亨，等，2020. 华北低丘山地不同土地利用方式下土壤团聚体及其有机碳分布特征[J]. 生态学报，40（19）：6991-6999.

任镇江，罗友进，魏朝富，2011. 农田土壤团聚体研究进展[J]. 安徽农业科学，39（2）：1101-1105.

盛炜彤，杨承栋，范少辉，2003. 杉木人工林的土壤性质变化[J]. 林业科学研究，16（4）：377-385.

宋满珍，刘琪璟，吴自荣，等，2010. 江西省森林土壤有机碳储量研究[J]. 南京林业大学学报（自然科学版），34（2）：6-10.

宋敏，彭晚霞，徐庆国，等，2017. 广西不同森林类型土壤有机碳的空间异质性[J]. 广西植物，37（11）：1418-1427.

宋彦彦，张言，管清成，等，2019. 长白山云冷杉针阔混交林土壤有机碳与土壤理化性质的相关性[J]. 东北林业大学学报，47（10）：70-74.

孙娇，赵发珠，韩新辉，等，2016. 不同林龄刺槐林土壤团聚体化学计量特征及其与土壤养分的关系[J]. 生态学报，36（21）：6879-6888.

唐靓茹，刘雄盛，蒋燚，等，2020. 红锥 4 种林型土壤理化性质及微生物量差异分析[J]. 中南林业科技大学学报，40（1）：76-81.

田舒怡，满秀玲，2016. 大兴安岭北部森林土壤微生物量碳和水溶性有机碳特征研究[J]. 土壤通报，47（4）：838-845.

王冰，安慧君，吕昌伟，2013. 基于地统计学和 GIS 技术的呼伦湖溶解氧的空间变异特征分析[J]. 干旱区地理（汉文版），36（6）：1103-1110.

王春燕，何念鹏，吕瑜良，2016. 中国东部森林土壤有机碳组分的纬度格局及其影响因子[J]. 生态学报，36（11）：3176-3188.

王春燕，2016. 中国东部森林土壤有机碳组分的纬度格局及其影响因素[D]. 重庆：西南大学.

王丹，王兵，戴伟，等，2009. 不同发育阶段杉木林土壤有机碳变化特征及影响因素[J]. 林业科学研究，22（5）：667-671.

王飞，马剑平，马俊梅，等，2020. 民勤不同林龄胡杨根区土壤理化性质及相关性分析[J]. 西北林学院学报，35（3）：23-28，54.

王富华，吕盛，黄容，等，2019. 缙云山 4 种森林植被土壤团聚体的有机碳分布特征[J]. 环境科学，40（3）：1504-1511.

王连晓，史正涛，刘新有，等，2016. 不同林龄橡胶林土壤团聚体分布特征及其稳定性研究[J]. 浙江农业学报，28（8）：1381-1388.

王心怡，周聪，冯文瀚，等，2019. 不同林龄杉木人工林土壤团聚体及其有机碳变化特征[J]. 水土保持学报，33（5）：126-131.

王新英，史军辉，刘茂秀，2016. 塔里木河流域不同龄组胡杨林土壤理化性质及相关性[J]. 东北林业大学学报，44（9）：63-68.

王洋，刘景双，王全英，2013. 冻融作用对土壤团聚体及有机碳组分的影响[J]. 生态环境学报，22（7）：1269-1274.

魏文俊，尤文忠，张慧东，等，2014. 辽西天然油松林土壤碳氮分布规律[J]. 东北林业大学学报，42（9）：72-76.

魏亚伟，于大炮，王清君，等，2013. 东北林区主要森林类型土壤有机碳密度及其影响因素[J]. 应用生态学报，24（12）：3333-3340.

巫振富，赵彦锋，齐力，等，2013. 复杂景观区土壤有机质预测模型的尺度效应[J]. 土壤学报，
　　50（2）：296-305.

谢涛，2012. 苏北沿海不同林龄杨树人工林土壤有机碳特征[D]. 南京：南京林业大学.

谢贤健，张继，2012. 巨桉人工林下土壤团聚体稳定性及分形特征[J]. 水土保持学报，26（6）：
　　175-179.

邢维奋，石珊奇，薛杨，等，2017. 海南乐东 5 种森林土壤有机碳储量的比较[J]. 热带农业科学
　　（5）：14-19.

徐红伟，吴阳，乔磊磊，等，2018. 不同植被带生态恢复过程土壤团聚体及其稳定性——以黄
　　土高原为例[J]. 中国环境科学，38（6）：2223-2232.

徐秋芳，2003. 森林土壤活性有机碳库的研究[D]. 杭州：浙江大学.

薛彦飞，薛文，张树兰，等，2015. 长期不同施肥对塿土团聚体胶结剂的影响[J]. 植物营养与
　　肥料学报，21（6）：1622-1632.

苑亚茹，韩晓增，李禄军，等，2011. 低分子量根系分泌物对土壤微生物活性及团聚体稳定性的
　　影响[J]. 水土保持学报，25（6）：96-99.

苑亚茹，李娜，邹文秀，等，2018. 典型黑土区不同生态系统土壤团聚体的有机碳分布特征[J].
　　生态学报，38（17）：6025-6032.

张慧东，尤文忠，魏文俊，等，2017. 辽东山区原始红松林土壤理化性质及其与土壤有机碳的
　　相关性分析[J]. 西北农林科技大学学报（自然科学版），45（1）：76-82.

张剑，汪思龙，隋艳晖，等，2010. 不同发育阶段杉木人工林土壤碳库稳定性研究[J]. 生态与农
　　村环境学报，26（6）：539-543.

张金林，傅伟军，周秀峰，等，2017. 典型麻竹林土壤植硅体碳的空间异质性特征[J]. 土壤学报，
　　54（5）：1147-1156.

张丽敏，徐明岗，娄翼来，等，2014. 土壤有机碳分组方法概述[J]. 中国土壤与肥料（4）：1-6.

张芸，李惠通，魏志超，等，2016. 不同发育阶段杉木人工林土壤有机质特征及团聚体稳定性
　　[J]. 生态学杂志，35（8）：2029-2037.

张芸，李惠通，张辉，等，2019. 不同林龄杉木人工林土壤 C：N：P 化学计量特征及其与土壤
　　理化性质的关系[J]. 生态学报，39（7）：2520-2531.

赵栋，权丽，屠彩芸，等，2018. 拱坝河流域 5 种森林类型土壤有机碳的分布特征[J]. 水土保持
　　通报，38（6）：54-60.

赵伟红，康峰峰，韩海荣，等，2015. 辽河源自然保护区不同林龄山杨天然次生林的土壤有机碳特征[J]. 西北农林科技大学学报：自然科学版，43（10）：57-63，76.

赵溪竹，2010. 小兴安岭主要森林群落类型土壤有机碳库及其周转[D]. 哈尔滨：东北林业大学.

赵友朋，孟苗婧，张金池，等，2018. 凤阳山主要林分类型土壤团聚体及其稳定性研究[J]. 南京林业大学学报（自然科学版），42（5）：88-94.

郑子成，何淑勤，王永东，等，2010. 不同土地利用方式下土壤团聚体中养分的分布特征[J]. 水土保持学报，24（3）：170-174.

庄正，张芸，张颖，等，2017. 不同发育阶段杉木人工林土壤团聚体分布特征及其稳定性研究[J]. 水土保持学报，31（6）：186-191.

祖元刚，李冉，王文杰，等，2011. 我国东北土壤有机碳、无机碳含量与土壤理化性质的相关性[J]. 生态学报，31（18）：5207-5216.

Barthes B, Roose E, 2002. Aggregate stability as an indicator of soil susceptibility to runoff and erosion; validation at several levels [J]. Catena, 47: 133-149.

Bonan G B, 2008. Forests and climate change: forcings, feedbacks, and the climate benefits of forests [J]. Science, 320(5882): 1444-1449.

Christensen B T, 1992. Physical fractionation of soil and organic matter in primary particle size and density separates [J]. Advances in Soil Science, 20: 2-90.

Dai W, Huang Y, 2006. Relation of soil organic matter concentration to climate and altitude in zonal soils of China[J]. Catena, 65(1): 87-94.

De Deyn G B, Cornelissen J H C, Bardgett R D, 2008. Plant functional traits and soil carbon sequestration in contrasting biomes [J]. Ecology Letters, 11(5): 516-531.

Dixon R K, Solomon A M, Brown S A, et al., 1994. Carbon pools and flux of global forest ecosystems [J]. Science, 263(5144): 185-190.

Doetterl S, Stevens A, Six J, et al., 2015. Soil carbon storage controlled by interactions between geochemistry and climate [J]. Nature Geoscience, 8(10): 780-783.

Fang J, Brown S A, Tang Y, et al., 2006. Overestimated biomass carbon pools of the northern mid- and high latitude forests [J]. Climatic Change, 74(1): 355-368.

Fang J, Chen A, Peng C, et al., 2001. Changes in forest biomass carbon storage in China between 1949 and 1998 [J]. Science, 292(5525): 2320-2322.

Goodale C L, Apps M J, Birdsey R, et al., 2002. Forest carbon sinks in the northern hemisphere [J]. Ecological Applications, 12(3): 891-899.

Goovaerts P, 2001. Geostatistical modelling of uncertainty in soil science [J]. Geoderma, 103(1): 3-26.

Guo Z, Hu H, Pan Y, et al., 2014. Increasing biomass carbon stocks in trees outside forests in China over the last three decades [J]. Biogeosciences, 11(15): 4115-4122.

Hobbie S E, 1996. Temperature and plant species control over litter decomposition in Alaskan Tundra [J]. Ecological Monographs, 66(4): 503-522.

Homann P S, Kapchinske J S, Boyce A, 2007. Relations of mineral-soil C and N to climate and texture: regional differences within the conterminous USA [J]. Biogeochemistry, 85(3): 303-316.

Homann P S, Sollins P, Chappell H N, et al., 1995. Soil organic carbon in a mountainous, forested region: relation to site characteristics [J]. Soil Science Society of America Journal, 59(5): 1468-1475.

Janssens I A, Freibauer A, Ciais P, et al., 2003. Europe's terrestrial biosphere absorbs 7% to 12% of European anthropogenic CO_2 emissions [J]. Science, 300(5625): 1538-1542.

Jastrow J D, 1996. Soil aggregate formation and the accrual of particulate and mineral-associated organic matter [J]. Soil Biology & Biochemistry, 28: 665-676.

Kauppi P E, Mielikäinen K, Kuusela K, 1992. Biomass and Carbon Budget of European Forests, 1971 to 1990 [J]. Science, 256(5053): 70-74.

Kirill Y K, Vladimir F K, Victor P S, et al., 2004. Global ecodynamics: a multidimentsional analysis [M]. Springer, Berlin.

Mckinley D C, Ryan M G, Birdsey R A, et al., 2011. A synthesis of current knowledge on forests and carbon storage in the United States [J]. Ecological Applications, 21(6): 1902-1924.

Melillo J M, Steudier P A, Aber J D, et al., 2002. oil warming and carbon-cycle feedbacks to the climate system [J]. Science, 298(5601): 2173-2176.

Pacala S W, Hurtt G C, Baker D, et al., 2001. Consistent land- and atmosphere-based U.S. carbon sink estimates. [J]. Science, 292(5525): 2316-2320.

Pan Y, Birdsey R A, Fang J, et al., 2011. A large and persistent carbon sink in the world's forests [J]. Science, 333(6045): 988-993.

Pierzynski G M, 2009. Methods of phosphorus analysis for soils, sediments, residuals, and waters [M]. 2nd ed.: North Carolina State University.

Poeplau C, Don A, Dondini M, et al., 2013. Reproducibility of a soil organic carbon fractionation method to derive RothC carbon pools [J]. European Journal of Soil Science, 64(6): 735-746.

Poeplau C, Kätterer T, Leblans N I W, et al., 2017. Sensitivity of soil carbon fractions and their specific stabilization mechanisms to extreme soil warming in a subarctic grassland [J]. Global Change Biology, 23(3): 1316-1327.

Post W M, Kwon K C, 2000. Soil carbon sequestration and land-use change: processes and potential [J]. Global Change Biology, 6(3): 317-327.

Qiao N, Schaefer D, Blagodatskaya E, et al., 2014. Labile carbon retention compensates for CO_2 released by priming in forest soils [J]. Global Change Biology, 20(6): 1943-1954.

Quideau S A, Chadwick O A, Trumbore S E, et al., 2001. Vegetation control on soil organic matter dynamics [J]. Organic Geochemistry, 32(2): 247-252.

Ruban V, Lopezsanchez J F, Pardo P, et al., 2001,. Harmonized protocol and certified reference material for the determination of extractable contents of phosphorus in freshwater sediments – A synthesis of recent works [J]. Fresenius Journal of Analytical Chemistry, 370(2): 224-228.

Scharlemann J P W, Tanner E V J, Hiederer R, et al., 2014. Global soil carbon: understanding and managing the largest terrestrial carbon pool [J]. Carbon Management, 5(1): 81-91.

Schlesinger W H, 1990. Evidence from chronosequence studies for a low carbon-storage potential of soils [J]. Nature, 348(6298): 232-234.

Shi S, Han P, 2014. Estimating the soil carbon sequestration potential of China's Grain for Green Project [J]. Global Biogeochemical Cycles, 28(11): 1279-1294.

Six J, Bossuyt H, Degryze S, et al., 2004. A history of research on the link between (micro)aggregates, soil biota, and soil organic matter dynamics [J]. Soil & Tillage Research, 79: 7-31.

Six J, Elliott E T, Paustian K, 2000. Soil macroaggregate turnover and microaggregate formation: a mechanism for C sequestration under no-tillage agriculture [J]. Soil Biology & Biochemistry, 32: 2099-2103.

Song B, Niu S, Zhang Z, et al., 2012. Light and heavy fractions of soil organic matter in response to climate warming and increased precipitation in a temperate steppe [J]. PLoS ONE, 7(3): 65.

Stewart C E, Paustian K, Conant R T, et al., 2009. Soil carbon saturation: implications for measurable carbon pool dynamics in long-term incubations [J]. Soil Biology & Biochemistry, 41(2): 357-366.

Stewart C E, Plante A F, Paustian K, et al., 2008. Soil carbon saturation: linking concept and measurable carbon pools [J]. Soil Science Society of America Journal, 72(2): 379-392.

Tisdall J M, Oades J M, 1982. Organic matter and water - stable aggregates in soils [J]. European Journal of Soil Science, 33: 141-163.

Von Lützow M, Kogelknabner I, Ekschmitt K, et al., 2007. SOM fractionation methods: relevance to functional pools and to stabilization mechanisms [J]. Soil Biology & Biochemistry, 39(9): 2183-2207.

Wang J, Song C, Wang X, et al., 2012. Changes in labile soil organic carbon fractions in wetland ecosystems along a latitudinal gradient in Northeast China [J]. Catena, 96(3): 83-89.

Xie X L, Sun B, Zhou H Z, et al., 2004. Soil carbon stocks and their influencing factors under native vegetations in China [J]. Acta Pedologica Sinica, 27(6): 1212-1222.

Yang Y, Li P, Ding J, et al., 2014. Increased topsoil carbon stock across China's forests [J]. Global Change Biology, 20(8): 2687-2696.

Yano Y, Lajtha K, Sollins P, et al., 2005. Chemistry and dynamics of dissolved organic matter in a temperate coniferous forest on Andic soils: effects of litter quality [J]. Ecosystems, 8(3): 286-300.